高职高专项目式实践类系列教材

U0169854

智能传感器项目实践

主　编　张庆松
副主编　程佳佳　　侯爱霞　　贾俊霞
　　　　田　丰　　梅琼珍　　张　立
主　审　万　军

西安电子科技大学出版社

内 容 简 介

本书按照"项目导向、任务驱动、理实一体"的编写模式,以典型的传感器应用项目为载体,讲述了几类传感器的实际应用。本书共七个项目,主要内容包括温度传感器在室内测温系统中的应用、测速传感器在电动机转速检测系统中的应用、气敏传感器在酒精测试仪中的应用、光敏传感器在智能照明系统中的应用、位移传感器在汽车倒车雷达系统中的应用、压力传感器在数字电子秤系统中的应用和无线传感器网络在小区火灾报警系统中的应用等。

本书可作为高职高专电子信息、物联网、智能制造等专业传感器应用课程的教材或参考书,也可作为社会从业人员的技术参考书或培训用书。

图书在版编目(CIP)数据

智能传感器项目实践/张庆松主编. —西安:西安电子科技大学出版社,2020.8
ISBN 978 - 7 - 5606 - 5736 - 3

Ⅰ. ① 智… Ⅱ. ① 张… Ⅲ. ① 智能传感器 Ⅳ. ① TP212.6

中国版本图书馆 CIP 数据核字(2020)第 124752 号

策划编辑　万晶晶
责任编辑　武翠琴
出版发行　西安电子科技大学出版社(西安市太白南路 2 号)
电　　话　(029)88242885　88201467　邮　　编　710071
网　　址　www.xduph.com　　　　　电子邮箱　xdupfxb001@163.com
经　　销　新华书店
印刷单位　陕西精工印务有限公司
版　　次　2020 年 8 月第 1 版　2020 年 8 月第 1 次印刷
开　　本　787 毫米×1092 毫米　1/16　印张 12.5
字　　数　289 千字
印　　数　1~2000 册
定　　价　33.00 元
ISBN 978 - 7 - 5606 - 5736 - 3/TP

XDUP 6038001 - 1

* * * 如有印装问题可调换 * * *

序

"高职高专项目式实践类系列教材"是在贯彻落实《国家职业教育改革实施方案》（简称"职教 20 条"）文件精神，推动职业教育大改革、大发展的背景下，结合职业教育"以能力为本位"的指导思想，以服务建设现代化经济体系为目标而组织编写的。在新经济、新业态、新模式、新产业迅猛发展的高要求下，本系列教材以现代学徒制教学为导向，以"1＋X"证书结合为抓手，对接企业、行业岗位要求，围绕"素质为先、能力为本"的培养目标构建教材内容体系，实现"以知识体系为中心"到"以能力达标为中心"的转变，开展人才培养的实践教学。

本系列教材编审委员会于 2019 年 6 月在重庆召开了教材编写工作会议，确定了此系列教材的名称、大纲体例、主编及参编人员（含企业、行业专家）等主要事项，决定由重庆科创职业学院为组织方，聘请高职院校的资深教授和企业、行业专家组成教材编写组及审核组，确定每本教材的主编及主审，有序推进教材的编写及审核工作，确保教材质量。

本系列教材坚持理论知识够用，技能实战相结合，内容上突出实训教学的特点，采用项目制编写，并注重教学情境设计、教学考核与评价，强化训练目标，具有原创性。经过组织方、编审组、出版方的共同努力，希望本套"高职高专项目式实践类系列教材"能为培养高素质、高技能、高水平的技术应用型人才发挥更大的推动作用。

高职高专项目式实践类系列教材编审委员会
2019 年 10 月

高职高专项目式实践类系列教材

编审委员会

前　　言

本书是在贯彻落实《国家职业教育改革实施方案》文件精神，推动职业教育大改革、大发展的背景下，结合职业教育"以能力为本位"的指导思想，实现"以知识体系为中心"转变为"以能力达标为中心"，以传感器应用技术中的典型项目为载体，将教学、训练、职业资格考试中的理论与技能等知识点有机融入教学而编写成的实践类教材。

本书的编写特色如下：

(1) 立足专业，紧贴教学标准。

为适应高职高专电子信息、物联网、智能制造等专业的教学需要，对智能传感技术的教学内容做了合理取舍，并精练了实训项目，满足教学标准需求。

(2) 理论与实践相结合，体现职教特色。

在内容编排上，采用"项目导向、任务驱动、理实一体"的教学思想，将"训练"贯穿于教学全部，通过训练来培养学生的技能，尤其是仿真、实物制作的引入，使枯燥的理论学习变得形象生动。

(3) 多元化考评体系，促进与"1＋X"证书相结合。

为体现出对学生专业技能和综合素质的培养，注重学生在完成实训任务过程中的考评，在每个技能训练项目的任务表中给出了明确详细的考评标准，并将工作习惯、协作精神等纳入考核，同时将各相关专业国家职业资格考试要求融入项目教学中，以强化学生对"1＋X"职业资格证书的认知。

本书由张庆松担任主编，负责全书的统稿工作。本书编写分工如下：张庆松编写项目一；梅琼珍编写项目二；侯爱霞编写项目三；贾俊霞编写项目四；程佳佳编写项目五；田丰编写项目六；张立(企业工程师)编写项目七。本书由万军担任主审，负责全书的审稿工作。

本书参考学时如下：

课　程　内　容	学时
项目一　温度传感器在室内测温系统中的应用	8
项目二　测速传感器在电动机转速检测系统中的应用	8
项目三　气敏传感器在酒精测试仪中的应用	8
项目四　光敏传感器在智能照明系统中的应用	8
项目五　位移传感器在汽车倒车雷达系统中的应用	8
项目六　压力传感器在数字电子秤系统中的应用	8
项目七　无线传感器网络在小区火灾报警系统中的应用	16
总　　计	64

由于编者水平有限，书中难免存在不足之处，恳请兄弟院校师生及广大读者批评指正，以便进一步修订和完善。

编　者
2019 年 10 月

目　录

项目一　温度传感器在室内测温系统中的应用

项目分析

在工业生产和科学研究实验中，温度是一个非常重要的参数，物体的许多物理现象和化学性质都与温度有关，许多生产过程都是在一定的温度范围内进行的，因此需要测量温度的场合极其广泛。那么温度是如何测量并显示的呢？本项目以数显室内测温系统为例，从温度传感器的选型和数显温度检测电路的设计两个方面来介绍温度传感器的应用。

本项目需要完成以下任务：

(1) 温度传感器的选择。

(2) 数显温度检测电路的设计。

知识目标

(1) 掌握温度检测传感器的种类和选用方法。

(2) 掌握热电偶、热电阻传感器的测温原理，会利用元器件手册查阅技术参数。

(3) 掌握集成温度传感器的分类、测温原理和连接方式。

(4) 掌握热电偶的冷端温度补偿方法和热电阻的三线制连接方法及必要性。

能力目标

(1) 能完成对温度传感器特性的测试。

(2) 掌握温度检测电路的设计方法。

(3) 掌握测温电路的调试方法。

任务一　温度传感器的选择

任务目标

温度的测量方法通常分为两大类，即接触式测温和非接触式测温。接触式测温基于热平衡原理，测温时，感温元件与被测介质直接接触，当达到热平衡时，可获得被测物体的温度，如热电偶、热敏电阻、膨胀式温度计等就属于接触式测温；非接触式测温基于热辐射原理或电磁原理，测温时，感温元件不直接与被测介质接触，而是通过辐射实现热交换，达到测量的目的，如红外测温仪、光学高温计等就属于非接触式测温。常用的测温传感器有热电偶、热电阻、集成温度传感器等。本任务通过学习常规温度传感器的检测原理和特性测试方法，来培养学生传感器选型的能力。

知识链接

一、传感器的认知

(一) 什么是传感器

传感器是一种能感受规定的被测量并按照一定的规律转换成可用信号的器件或装置。它可以完成非电信号向电信号的转换，一般由敏感元件、转换元件、测量电路和辅助电源组成，如图 1-1 所示。

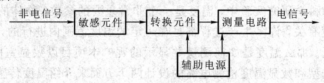

图 1-1　传感器组成框图

(二) 传感器的特性

传感器的特性是指传感器所特有性质的总称。根据输入量状态(静态、动态)的不同，传感器的特性可分为静态特性和动态特性。

静态特性是指传感器的输入量为常量或变化极慢时，其输出量与输入量之间的关系。静态特性的主要指标包括线性度、迟滞、重复性、灵敏度、分辨力、阈值、稳定性、漂移等。

动态特性是指传感器的输入为随时间变化的信号时，其输出量与输入量之间的关系。动态特性的主要指标有时域单位阶跃响应性能指标和频域频率特性性能指标。

下面主要介绍传感器的静态特性指标。

1. 线性度

线性度是指传感器的输出与输入之间数量关系的线性程度，也称为非线性误差。经常用实际特性曲线与拟合直线(理论直线)之间的最大偏差与传感器满量程输出的百分比来表示线性度(如图 1-2 所示)，即

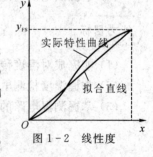

图 1-2　线性度

$$\gamma_{\mathrm{L}} = \pm \frac{\Delta L_{\max}}{y_{\mathrm{FS}}} \times 100\% \qquad (1-1)$$

式中：$\Delta L_{\max}$——输出量和输入量实际特性曲线与拟合直线之间的最大偏差；

　　　y_{FS}——输出满量程值；

　　　γ_{L}——线性度。

2. 迟滞

传感器在正(输入量增大)、反(输入量减小)行程中输出-输入曲线不重合的现象称为迟滞性。也就是说，对于同一大小的输入信号，传感器的正、反行程输出信号大小不相等，这个差值称为迟滞差值。经常用正、反行程中输出量之间的最大偏差与满量程输出之比的百分数来表示迟滞(如图 1-3 所示)，即

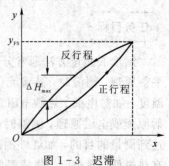

图 1-3　迟滞

$$\gamma_H = \pm \frac{\Delta H_{max}}{y_{FS}} \times 100\%\qquad(1-2)$$

式中：ΔH_{max}——正、反行程中输出量之间的最大偏差；

　　　y_{FS}——输出满量程值；

　　　γ_H——迟滞。

3. 重复性

重复性是指传感器在输入按同一方向连续多次变动时所得特性曲线不一致的程度。如图 1-4 所示，正行程的最大重复性偏差为 ΔR_{max1}，反行程的最大重复性偏差为 ΔR_{max2}，重复性偏差取这两个偏差之中较大者，并记为 ΔR_{max}，再以满量程 y_{FS} 输出的百分数来表示，即

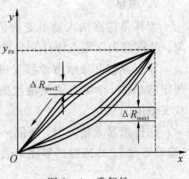

$$\gamma_R = \pm \frac{\Delta R_{max}}{y_{FS}} \times 100\%\qquad(1-3)$$

图 1-4　重复性

式中：ΔR_{max}——正行程或反行程的最大偏差；

　　　y_{FS}——输出满量程值；

　　　γ_R——重复性。

4. 灵敏度

灵敏度是指传感器在稳态下的输出变化量与引起此变化的输入变化量的比值，即

$$S = \frac{\Delta y}{\Delta x}\qquad(1-4)$$

式中：Δy——输出变化量；

　　　Δx——输入变化量；

　　　S——灵敏度。

由此可见，传感器输出曲线的斜率就是其灵敏度。如图 1-5 所示，线性传感器特性曲线的斜率处处相同，其灵敏度 S 是一常数，与输入量大小无关；而非线性传感器的灵敏度是变量，用 $\Delta y/\Delta x$ 来表示某一点的灵敏度。

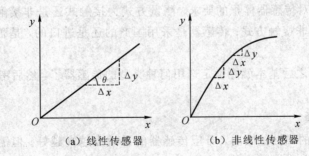

（a）线性传感器　　　　　　　（b）非线性传感器

图 1-5　灵敏度

5. 分辨力与阈值

分辨力是指传感器能检测到的最小的输入增量。该值与满量程输入值之比的百分数称为分辨率。

阈值是指使传感器的输出端产生可测变化量的最小被测输入值，即零点附近的分

辨力。

6. 稳定性

稳定性是指传感器在使用一段时间后，其性能保持不变的能力，有时也称为长时间工作稳定性或零点漂移。

7. 漂移

漂移是指在输入量不变的情况下，传感器的输出存在与被测输入量无关的变化的现象。漂移常包括零点漂移和灵敏度漂移两种。

零点漂移和灵敏度漂移又可分为时间漂移和温度漂移，简称时漂和温漂。时漂是指在规定的条件下，零点或灵敏度随时间的缓慢变化；温漂是指由周围温度变化所引起的零点或灵敏度的变化。

在传感器无输入时，每隔一段时间读取其输出值，若输出值偏离零值，即为零点漂移（简称零漂）。传感器的零漂可表示为

$$零漂 = \frac{\Delta y}{y_{FS}} \times 100\%$$

(1-5)

式中：Δy——最大零点偏差；

　　　y_{FS}——输出满量程值。

（三）传感器的选用原则

传感器在原理与结构上千差万别，如何根据具体的测量目的、测量对象以及测量环境合理地选用传感器，是进行测量时首先要解决的问题。当传感器确定之后，与之相配套的测量方法和测量设备也就可以确定了。测量结果的成败很大程度上取决于传感器的选用是否合理。

1. 根据测量对象与测量环境确定传感器的类型

在进行具体的测量工作前，首先要考虑采用何种原理的传感器，这需要分析多方面的因素之后才能确定。即使是测量同一物理量，也有多种原理的传感器可供选用，哪一种原理的传感器更为合适，则需要根据被测量的特点和传感器的使用条件综合考虑。例如：量程的大小；被测位置对传感器体积的要求；测量方式为接触式还是非接触式；信号的引出方法是有线方式还是非接触方式；传感器是采用国产的还是进口的，是否自行研制，价格能否承受等。

在考虑上述问题之后基本就能确定选用何种类型的传感器了，然后考虑传感器的具体性能指标。

2. 灵敏度的选择

通常，在传感器的线性范围内，希望传感器的灵敏度越高越好。但需要注意的是，传感器的灵敏度越高，与被测量无关的外界噪声也越容易混入，这些噪声也会被放大系统放大，从而影响测量精度。因此，要求传感器本身应具有较高的信噪比，尽量减少外界干扰信号所造成的影响。

传感器的灵敏度是有方向性的。如果被测量是单向量，而且对其方向性要求较高，则应选择其他方向灵敏度小的传感器；如果被测量是多维向量，则要求传感器的交叉灵敏度越小越好。

3. 对频率响应特性的要求

传感器的频率响应特性决定了被测量的频率范围，必须在允许频率范围内保持不失真的测量条件。实际上传感器的响应都有一定的延迟，通常希望延迟时间越短越好。

传感器的频率响应高，可测的信号频率范围就宽，而由于受到结构特性的影响，机械系统的惯性较大，因此频率低的传感器可测信号的频率较低。

在动态测量中，应根据信号的特点（稳态、瞬态、随机等）选择合适的频率响应特性，以免产生过大的误差。

4. 对线性范围的要求

传感器的线性范围是指输出与输入成正比的范围。从理论上讲，在此范围内，灵敏度保持定值。传感器的线性范围越宽，则其量程越大，并且能保证一定的测量精度。在选择传感器时，当传感器的种类确定以后，首先要看其量程是否满足要求。但实际上，任何传感器都不能保证绝对的线性，其线性度也是相对的。当所要求的测量精度比较低时，在一定的范围内，可将非线性误差较小的传感器近似看作线性的，这样会给测量带来极大的方便。

5. 对稳定性的要求

影响传感器长期稳定性的因素除传感器本身的结构外，主要是传感器的使用环境。因此，要使传感器具有良好的稳定性，传感器必须要有较强的环境适应能力。

在选择传感器之前，应对其使用环境进行调查，并根据具体的使用环境选择合适的传感器，或采取适当的措施，减小环境因素的影响。

衡量传感器的稳定性有定量指标，在超过使用期后，传感器在使用前应重新进行标定，以确定其性能是否发生变化。在某些要求传感器能长期使用而又不能轻易更换或标定的场合，所选用的传感器对稳定性的要求更严格，要使传感器的稳定性能够经受住长时间的考验。

6. 对精度的要求

传感器的精度关系到整个测量系统的测量精度。由于传感器的精度越高，其价格越昂贵，因此传感器的精度只要满足整个测量系统的精度要求就可以，不必选得过高。这样，在满足同一测量目的的诸多传感器中，就可以选择比较便宜和简单的传感器。

如果测量目的是定性分析，则选用重复精度高的传感器即可，而不宜选绝对量值精度高的；如果测量目的是定量分析，需要获得精确的测量值，就需选用精度等级能满足要求的传感器。

二、热电偶传感器

热电偶是工业上常用的一种测温传感器，其测温原理基于热电效应，即将温度量转换为热电势，通过测量热电势的大小，实现温度的测量。热电偶传感器广泛应用于测量100℃～2000℃范围的温度。

热电偶具有结构简单（如图1-6所示）、使用方便、精度高、热惯性小等优点。由于热电偶能将温度信号转换为电压信号，因此可以实现测量信号的远距离传递，也可以集中检测与控制。

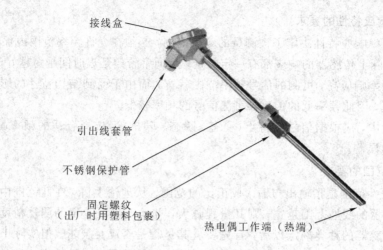

图1-6　热电偶结构

(一) 热电偶的工作原理

德国物理学家塞贝克(Seebeck)于1821年在观察铋-铜和铋-锑电路的电磁效应时,发现了热电流的存在。他的实验表明:在不同材料的导体A和B组成的回路中,如果使两个接触点的温度不同,则在回路中将出现电流,称为热电流。相应的电势称为热电势,其方向取决于温度梯度的方向。我们把这一现象称为塞贝克效应或热电效应。热电效应示意图如图1-7所示。

两种不同材料的导体A和B,两端连接在一起,构成一闭合回路。当一端温度为T_0,另一端温度为T(设$T>T_0$)时,回路中就有电流或热电势$E_{AB}(T, T_0)$产生,其大小可由测量电路测出。我们把此闭合回路称为热电偶,A、B导体称为热电极;T接触点为热端,又称工作端;T_0接触点为冷端,又称参考端。

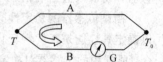

图1-7　热电效应示意图

研究表明,热电效应产生的热电势$E_{AB}(T, T_0)$是由接触电势(珀尔贴(Peltier)效应)和温差电势(汤姆逊(Thomson)效应)引起的。

1. 接触电势

将两种同温度、不同材料的导体A和B相互接触,如图1-8(a)所示,由于不同金属材料的自由电子密度不同,在A和B接触处会发生自由电子扩散现象。自由电子从密度大的导体A向密度小的导体B扩散。A失去电子带正电,B得到电子带负电,于是在接触处便形成了电位差,该电位差称作珀尔贴电势,又称接触电势。该电势将阻碍电子的进一步扩散,当电子扩散与电场的阻力平衡时,接触处的电子扩散就达到了动态平衡,接触电势也就达到了一个稳态值。

接触电势的大小由两种导体的特性和接触点处的温度所决定,如图1-8(b)所示,表示为

$$E_{AB}(T)=\frac{KT}{e}\ln\frac{N_A}{N_B} \qquad E_{AB}(T_0)=\frac{KT_0}{e}\ln\frac{N_A}{N_B} \qquad (1-6)$$

式中:N_A、N_B——导体A、B的自由电子密度,且$N_A>N_B$;

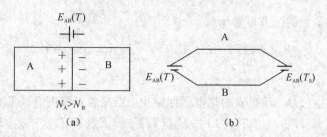

图 1-8 接触电势

$E_{AB}(T)$——A、B 两种导体在温度 T 时的接触电势；

$E_{AB}(T_0)$——A、B 两种导体在温度 T_0 时的接触电势；

K——玻尔兹曼常数，$K=1.38\times10^{-10}$；

e——电子电荷；

T、T_0——接触处的绝对温度。

因为 $E_{AB}(T)$ 与 $E_{AB}(T_0)$ 方向相反，所以在热电偶回路中总的接触电势为

$$E_{AB}(T)-E_{AB}(T_0)=\frac{K}{e}(T-T_0)\ln\frac{N_A}{N_B} \qquad (1-7)$$

由式(1-7)可以看出，热电偶回路中的接触电势只与导体 A、B 的性质和接触点的温度有关。如果两个接触点的温度相同，尽管两个接触点都存在接触电势，但回路中总接触电势为零。

2. 温差电势

对于均质的单一导体，若两端温度不同，由于高温端的电子能量比低温端的电子能量大，因此导体内的自由电子将从高温端向低温端扩散，并在温度较低的一端积聚起来，使导体内建立起电场，形成电位差，该电位差称为汤姆逊电势或温差电势，如图 1-9 所示。该电势将阻止电子从高温端跑向低温端，当电场对电子的作用力与扩散力相平衡时，电子的运动达到动态平衡，温差电势达到稳态值。

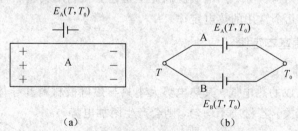

图 1-9 温差电势

温差电势的大小与导体材料和导体两端温度差有关。单一导体各自温差电势分别为

$$E_A(T,T_0)=\int_{T_0}^{T}\sigma_A\mathrm{d}t \qquad E_B(T,T_0)=\int_{T_0}^{T}\sigma_B\mathrm{d}t \qquad (1-8)$$

式中：$E_A(T,T_0)$——导体 A 两端温度分别为 T、T_0 时的温差电势；

$E_B(T,T_0)$——导体 B 两端温度分别为 T、T_0 时的温差电势；

σ_A、σ_B——汤姆逊系数；

T、T_0——导体两端的绝对温度。

热电偶回路中，总的温差电势为

$$E_A(T,T_0)-E_B(T,T_0)=\int_{T_0}^{T}(\sigma_A-\sigma_B)\mathrm{d}t \tag{1-9}$$

3. 总热电势

综上所述，热电极 A、B 组成的热电偶回路中，当接触点温度 $T>T_0$ 时，总热电势为

$$
\begin{aligned}
E_{AB}(T,T_0)&=[E_{AB}(T)-E_{AB}(T_0)]-[E_A(T,T_0)-E_B(T,T_0)]\\
&=\frac{K}{e}(T-T_0)\ln\frac{N_A}{N_B}-\int_{T_0}^{T}(\sigma_A-\sigma_B)\mathrm{d}t\\
&=F(T)-F(T_0)
\end{aligned} \tag{1-10}
$$

由此可得出如下结论：

(1) 如果热电偶两热电极材料相同，即 $N_A=N_B$，$\sigma_A=\sigma_B$，即使两接触点温度不同，热电偶回路的总热电势仍为零。因此，热电偶必须采用两种不同的材料作为热电极。

(2) 如果热电偶两接触点温度相同，尽管导体材料不同，热电偶回路中的总热电势也为零。因此，热电偶的热端和冷端两个接触点必须具有不同的温度。

(3) 当材料确定后，热电势 $E_{AB}(T,T_0)$ 为两接触点的温度 T 和 T_0 的函数，即

$$E_{AB}(T,T_0)=F(T)-F(T_0) \tag{1-11}$$

当冷端温度 T_0 为常数时，则 $F(T_0)$ 为常数 C，那么热电势 $E_{AB}(T,T_0)$ 为工作端温度 T 的单值函数，即

$$E_{AB}(T,T_0)=F(T)-C=\Phi(T) \tag{1-12}$$

此时热电势和 T 有单值对应关系。式(1-12)就是热电偶测温的基本公式。如果热电偶已确定，T_0 为给定常数，热电偶的热电势通过实验测得，那么利用此公式可以确定被测温度 T 的值。

实际使用中，当测出热电势后如何来确定温度值呢？通常不是利用公式计算，而是用查热电偶分度表的方法来确定。分度表是将冷端温度保持为 $T_0=0℃$，通过实验建立热电势和温度之间的数值对应关系。热电偶测温完全是建立在利用实验热特性和一些热电定律的基础上。下面引述几个常用的热电定律。

(二) 热电偶测温基本定律

1. 均质导体定律

两种均质导体组成的热电偶，其热电势大小只与热电极材料和导体两端温度有关，与热电极的几何尺寸无关。若材质不均匀，则会产生附加电势。

2. 中间导体定律

中间导体定律说明，在热电偶回路中插入第三、第四种导体，只要插入导体的两端温度相同，且插入导体是均质的，则热电偶产生的热电势保持不变。

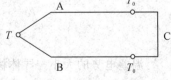

图 1-10　中间导体定律

如图 1-10 所示，热电偶在 T_0 处断开，插入第三种导体 C，则回路中总的热电势可表示为

$$E_{ABC}(T,T_0)=[E_{AB}(T)+E_{BC}(T_0)+E_{CA}(T_0)]-[E_A(T,T_0)+E_B(T_0,T)+E_C(T_0,T_0)] \tag{1-13}$$

当 $T = T_0$ 时，有

$$E_{AB}(T_0) + E_{BC}(T_0) + E_{CA}(T_0) = 0$$

即

$$E_{BC}(T_0) + E_{CA}(T_0) = -E_{AB}(T_0) \qquad (1-14)$$

又

$$E_A(T_0, T_0) - E_B(T_0, T_0) = 0$$

将式(1-14)代入式(1-13)，得

$$E_{ABC}(T, T_0) = [E_{AB}(T) - E_{AB}(T_0)] - [E_A(T, T_0) - E_B(T, T_0)] = E_{AB}(T, T_0)$$

3. 中间温度定律

如图 1-11 所示，由导体 A、B 组成的热电偶在接触点温度为 T、T_0 时产生的热电势，等于该热电偶在接触点温度为 T、T_n 与接触点温度为 T_n、T_0 时所产生的热电势的代数和，即

$$E_{AB}(T, T_0) = E_{AB}(T, T_n) + E_{AB}(T_n, T_0) \qquad (1-15)$$

式(1-15)称为中间温度定律，T_n 称为中间温度，$E_{AB}(T, T_0)$ 为热电偶热端温度为 T、冷端温度为 T_0 时的热电势值。

若 $T_0 = 0℃$，则有

$$E_{AB}(T, 0) = E_{AB}(T, T_n) + E_{AB}(T_n, 0) \qquad (1-16)$$

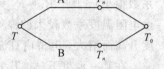

图 1-11　中间温度定律

式中，$E_{AB}(T, 0)$、$E_{AB}(T_n, 0)$ 分别为该热电偶保持参考端温度为 $0℃$ 而工作端温度分别为 T 和 T_n 时的热电势值，可从热电偶分度表查出。

中间温度定律是工业上运用补偿导线进行温度测量的理论基础，也为指定热电偶分度表奠定了理论基础。根据该定律，我们可以在冷端温度为任一恒定温度时，利用热电偶分度表求出工作端的被测温度。

4. 参考电极定律

当接触点温度为 T、T_0 时，用导体 A、B 分别与第三种导体 C 组成热电偶，如图 1-12 所示，那么由导体 A、B 组成的热电偶产生的热电势等于由 A、C 组成的热电偶和由 C、B 组成的热电偶产生的热电势的代数和，即

$$E_{AB}(T, T_0) = E_{AC}(T, T_0) + E_{CB}(T, T_0)$$
$$= E_{AC}(T, T_0) - E_{BC}(T, T_0)$$

(三) 热电偶冷端温度补偿

图 1-12　参考电极定律

热电偶在实际测温中，冷端温度一般暴露在空气中，随环境温度的变化而变化，不可能恒定或保持 $0℃$ 不变。因此，要准确测出实际温度，必须采取补偿措施，来消除冷端温度变化所带来的影响。下面介绍几种常用的冷端温度补偿方法。

1. 冰点槽补偿法

冰点槽补偿法是指将冷端置于冰点槽中，以获取 $0℃$ 的参考温度。这种方式适用于实验室中的精确测量和检定热电偶时使用。

2. 热电势修正法

在热电偶温度测量中，若冷端温度不是 $0℃$ 而是某一恒定温度 T_n，即当热电偶工作在温差 (T,T_n) 时，其输出热电势为 $E(T,T_n)$，根据中间温度定律，将其换算到冷端温度为 $0℃$ 时的热电势为

$$E(T,0)=E(T,T_n)+E(T_n,0) \tag{1-17}$$

也就是说，在冷端温度为不变的 T_n 时，要修正到冷端温度为 $0℃$ 的电势，应再加上一个修正电势 $E(T_n,0)$。

3. 电桥补偿法

电桥补偿法是一种能随冷端温度变化而自动补偿的方法，是利用不平衡电桥产生的电势来补偿热电偶因冷端温度变化而引起的总电势的变化。冷端温度补偿电桥如图 1-13 所示。

将热电偶冷端与电桥置于相同的环境温度中，电桥的输出端串接在热电偶回路中。电桥电阻 R_1、R_2、R_3 和限流电阻 R_S 均用锰铜丝绕制，其阻值几乎不随温度变化（温度系数很小），其中 $R_1=R_2=R_3=1\ \Omega$。另一桥臂电阻 R_{CM} 是由电阻温度系数较大的镍丝绕制的补偿电阻，其阻值随温度升高而增大，电桥由直流稳压电源供电。

在某一温度下（如 T_0）设计电桥处于平衡状态，电桥

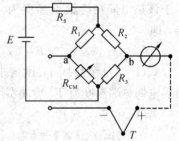

输出电压为 0，该温度 T_0 称为电桥平衡点温度或补偿　图 1-13　热电偶冷端温度补偿电桥
温度。

当环境温度变化时，冷端温度随之变化，热电偶输出的热电势随之变化 (ΔE_1)，同时 R_{CM} 的阻值也随环境温度变化，使电桥失去平衡，且产生一不平衡电压 (ΔE_2)，由于环境温度变化，带来电势总的变化量为 $\Delta E=\Delta E_1+\Delta E_2$，如果设计 ΔE_2 与 ΔE_1 的数值相等而极性相反，则热电偶的输出大小将不随冷端温度的变化而变化，相当于冷端 T_0 的变化对热电势的影响被补偿电桥补偿了。目前冷端温度补偿电桥已有成品出售。

4. 补偿导线法

一般热电偶做得较短，为 $350\ mm\sim 2000\ mm$。在实际测温时，常需要把热电偶输出的电势信号传输到远离现场数十米处的控制室里的显示仪表或控制仪表中，所以需要用导线将热电偶的冷端延伸出来。这种情况下，热电偶的冷端温度比较固定。

补偿导线在 $100℃$ 以下的温度范围内具有与热电偶相同的热电特性，根据中间温度定律，只要热电偶和补偿导线两个接触点的温度一致，就不会影响热电势的输出。另外，当热电偶与测量仪表距离较远时，使用补偿导线可以节约热电偶材料，尤其对于贵重金属热电偶，经济效益更明显。可见，热电偶补偿导线有两方面的功能：其一实现冷端迁移；其二降低电路成本。

补偿导线有两类：一类是采用与热电极相同的材料；另一类是采用与热电极具有相同热电特性的合金材料。使用补偿导线时必须注意：

（1）不同型号的热电偶必须选用相应的补偿导线；

（2）补偿导线和热电偶连接处两接触点的温度必须相等，而且不可超过规定温度范围（一般为 $0℃\sim 100℃$）；

（3）采用冷端延长线只是移动了冷接触点的位置，当该处温度不为 0℃时，仍须进行冷端温度补偿。

5. 集成温度传感器补偿法

传统的电桥补偿电路体积大，使用也不够方便，需要调整电路的元件值，而采用模拟式集成温度传感器或热电偶冷端温度补偿专用芯片来进行补偿，具有速度快、外围电路简单、不需调整、成本低等优点。

1）AD592 型温度传感器的性能特点

AD592 是美国模拟器件公司（ADI）推出的一种电流式模拟集成温度传感器，具有外围电路简单、输出阻抗高、互换性强、长期稳定性好等特点。其主要性能如下：测量范围为 $-25℃\sim+105℃$；测量精度最高可达 $\pm0.3℃$；灵敏度为 $1\ \mu A/℃$；工作电压范围为 $+4\sim+30\ V$。

2）AD592 构成的热电偶冷端温度补偿电路

以 K 型热电偶为例，其在常温时的输出特性如图 1-14 所示，以 25℃为中心，温度系数为 $40.44\ \mu V/℃$，在常温 $\pm10℃\sim\pm20℃$ 范围内输出、输入可看作线性关系。因此，要对 K 型热电偶进行冷端温度补偿，可采用另外一个温度传感器测量冷端的温度。此传感器产生 0℃的电压与 K 型热电偶产生的热电势相当，利用相反极性进行补偿。

图 1-15 为 AD592 构成的热电偶冷端温度补偿电路，AD592 用于测量冷端温度，在补偿温度范围内产生的电压与 K 型热电偶产生的热电势相当。只要对 AD592 提供 $+4\ V\sim+30\ V$ 的工作电压，就可获得与绝对温度成比例的输出电压。

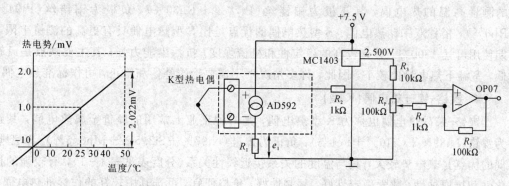

图 1-14　K 型热电偶在常温时的
　　　　　输出特性图

图 1-15　AD592 构成的热电偶冷端温度补偿电路

基准电阻 R_1 把 AD592 的输出电流转换成电压 e_1，其极性为上端正、下端负，AD592 在 0℃时输出电流为 $273.2\ \mu A$，因此环境温度为 T 时，用 R_P 调节 R_1 上的电压，使

$$e_1=-(1\ \mu A/K)R_1 T \tag{1-18}$$

如果取 $R_1=40.44\ \Omega$，则可实现冷端温度的完全补偿，使总热电势不再随环境温度而变化。图中的 R_4 和 R_5 是用来调节输出电压灵敏度的。

6. 软件补偿法

利用单片机或计算机系统的软件来进行补偿，能节省硬件资源，且灵活、抗干扰性强。例如对于冷端温度恒定但不为零的情况，可采用查表法，即首先将各种热电偶分度表存储到计算机中，以备随时调用。根据中间温度定律，测温时，把计算机采样后的数据与计算机存储分度表中冷端温度对应的数据相加，相加后的数据与分度表的热电势进行比较，即可得出实际的温度值。对于 T_0 经常波动的情况，可同时用测温传感器测量 T_0 端和 T 端温度对应的热电势，并输入给计算机，根据中间温度定律，采用查表法来进行计算，自动修正。

（四）常用热电偶

1. 铂铑₁₀-铂热电偶（S 型）

铂铑₁₀-铂热电偶也称为 S 型热电偶，是一种贵金属热电偶，其正极为铂铑丝（Pt90％＋Rh10％），负极为纯铂丝（Pt100％）。由于容易得到高纯度的铂和铂铑，故 S 型热电偶的复制精度和测量精确度较高，可用于精密温度测量。S 型热电偶的测温上限最高可达 1600℃，适于在氧化或中性气氛介质中使用；其主要缺点是金属材料的价格昂贵，热电势小，灵敏度低，在高温还原介质中容易被侵蚀和污染，从而降低测量精确度。

2. 铂铑₁₃-铂热电偶（R 型）

铂铑₁₃-铂热电偶也称为 R 型热电偶，也是一种贵金属热电偶，其正极为铂铑丝（Pt87％＋Rh13％），负极为商用纯铂丝（Pt100％）。R 型热电偶的优点是精度高，物理化学性能稳定，测温上限高，短期使用温度最高可达 1600℃，适于在氧化或中性气氛介质中使用；其主要缺点是热电势小，灵敏度低，在高温还原介质中容易被侵蚀和污染，价格昂贵。

3. 铂铑₃₀-铂铑₆热电偶（B 型）

铂铑₃₀-铂铑₆热电偶也称为 B 型热电偶，也是一种贵金属热电偶，它是一种比较理想的测量高温的热电偶，其正极为铂铑丝（Pt70％＋Rh30％），负极为铂铑丝（Pt94％＋Rh6％），俗称双铂铑热电偶。B 型热电偶的优点是比 S 型热电偶具有更高的测量上限，短期使用可达 1800℃，具有较高的稳定性和机械强度，抗污染能力强；其主要缺点是灵敏度低，室温下热电势比较小，因此，许多情况下不需要冷端补偿和修正，可作标准热电偶。

4. 镍铬-镍硅热电偶（K 型）

镍铬-镍硅热电偶也称为 K 型热电偶，是一种工业上常用的廉价金属热电偶，其正极为镍铬（Ni89％＋Cr10％＋Fe1％），负极为镍硅（Ni97％＋Si2.5％＋Mn0.5％）。K 型热电偶的优点是热电势较大，其与温度的关系接近线性关系（分度表见表 1-1），有较强的抗氧化性和抗腐蚀性，化学稳定性好，复制性好，价格便宜，可选其中较好的作标准热电偶；其主要缺点是测量精度比 S 型热电偶低，热电势稳定性差。

5. 镍铬硅-镍硅热电偶（N 型）

镍铬硅-镍硅热电偶也称为 N 型热电偶，是一种很有发展潜力的标准化镍基合金热电偶，它也是国际新认定的标准热电偶，其正极为镍铬硅（Ni84％＋Cr14％＋Si2％），负极为镍硅（Ni95％＋Si5％）。

6. 镍铬-铜镍（康铜）热电偶（E 型）

镍铬-铜镍（康铜）热电偶也称为 E 型热电偶，是一种能测量低温的廉价金属热电偶，其正极为镍铬（Ni89％＋Cr10％＋Fe1％），负极为康铜（Cu55％＋Ni45％）。E 型热电偶的热电势之大、灵敏度之高属所有标准热电偶之最，宜制成热电偶堆来测量微小的温度变化。E 型热电偶可用于湿度较大的环境中，具有稳定性好、价格便宜等优点，适用于还原性和中性气氛下测温；其主要缺点是抗氧化及抗硫化介质的能力差，测量上限较低。

7. 铁-铜镍(康铜)热电偶(J 型)

铁-铜镍(康铜)热电偶也称为 J 型热电偶，是一种工业上广泛使用的廉价金属热电偶，其正极为铁(Fe100%)，负极为康铜(Cu60%＋Ni40%)。J 型热电偶的优点是热电率较高，热电特性线性好，价格低廉，灵敏度高，易于在还原性气氛中使用；其主要缺点是抗氧化能力差。

8. 铜-铜镍(康铜)热电偶(T 型)

铜-铜镍(康铜)热电偶也称为 T 型热电偶，是一种测量精度较高的廉价金属热电偶，广泛应用于 $-248℃ \sim +370℃$ 范围内的温度测量，其正极为铜(Cu100%)，负极为康铜(Cu60%＋Ni40%)。T 型热电偶的优点是测量精度高，稳定性好，低温时灵敏度高，价格低廉；其主要缺点是铜在高温下易氧化，故不宜在氧化气氛中工作。

知识拓展

根据国际温标规定，在 $T_0 = 0℃$ 时，用实验的方法测出各种不同热电偶在不同工作温度下所产生热电势的值，列成表格，称为分度表。K 型热电偶的分度表如表 1-1 所示。

表 1-1　K 型(镍铬-镍硅)热电偶分度表

分度号：K　　　　　　　　　　　　　　　　　　　　**(参考端温度为 0℃)**

测量端温度/℃	0	10	20	30	40	50	60	70	80	90
	热电势/mV									
-0	-0.000	-0.392	-0.777	-1.156	-1.527	-1.889	-2.243	-2.586	-2.920	-3.242
+0	0.000	0.397	0.798	1.203	1.611	2.022	2.436	2.850	3.266	3.681
100	4.095	4.508	4.919	5.327	5.733	6.137	6.539	6.939	7.338	7.737
200	8.137	8.537	8.938	9.341	9.745	1.151	10.560	10.969	11.381	11.793
300	12.207	12.623	13.039	13.456	13.874	14.292	14.712	15.132	15.552	15.974
400	16.395	16.818	17.241	17.664	18.088	18.513	18.938	19.363	19.788	20.214
500	20.640	21.066	21.493	21.919	22.346	22.772	23.198	23.624	24.050	24.476
600	24.902	25.327	25.751	26.176	26.599	27.022	27.445	27.867	28.288	28.709
700	29.128	29.547	29.965	30.383	30.799	31.214	31.629	32.042	32.455	32.866
800	33.277	33.686	34.095	34.502	34.909	35.314	35.718	36.121	36.524	36.925
900	37.325	37.724	38.122	38.519	38.915	39.310	39.703	40.096	40.488	40.897
1000	41.269	41.657	42.045	42.432	42.817	43.202	43.585	43.968	44.349	44.729
1100	45.108	45.486	45.863	46.238	46.612	46.985	47.356	47.726	48.095	48.462
1200	48.828	49.192	49.555	49.916	50.276	50.633	50.990	51.344	51.697	52.049
1300	52.398	52.747	53.093	53.439	53.782	54.125	54.466	54.807		

（五）热电偶的实用测温电路

热电偶产生的热电势是毫伏级的，可通过电测仪表来测量热电势并显示温度值。常用的测量电路一般由热电偶、补偿导线和热电势检测仪组成。

1. 测量某一点温度的电路

如图 1-16 所示，A、B 为热电偶，C、D 为冷端补偿导线（或冷端延长线），冷端补偿导线一直延伸到测温仪的接线端子，这时冷端温度为仪表接线端子所处的环境温度。

2. 测量两点间温度差的电路

图 1-17 为测量两点间温度差的电路，图中两个热电偶型号相同，配以相同的补偿导线，两热电偶反相串接，此时回路总电势等于两热电偶电势之差，仪表 G 可测 T_1 和 T_2 之间的温度差。

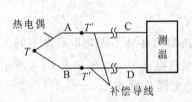

图 1-16　测量某一点温度的电路

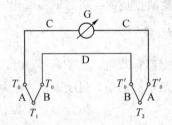

图 1-17　测量两点间温度差的电路

3. 测量多点温度的电路

图 1-18 为测量多点温度的电路，采用的是多点温度巡回检测电路，每个测温点用一个热电偶，每个热电偶的型号相同，共用一个显示仪表，通过专用的切换开关切换，轮流来进行多点温度的检测，显示各测点的被测值。这种电路中的显示仪表只用一个就够了，大大地降低了成本，简化了电路。

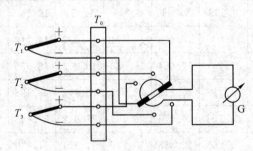

图 1-18　测量多点温度的电路

有时为了提高灵敏度，可采用若干个同型号的热电偶，在冷端和热端分别保持温度为 T_0 和 T 的情况下串联使用，总的热电势为它们之和。这种线路的特点是灵敏度提高，相对误差减小，但由于元件增多，若其中一个热电偶断路，则整个线路不能工作。

如果被测介质面积大，也可采用若干个同型号的热电偶并联使用，这种线路可测出各点温度的平均值，但缺点是其中某一个热电偶断路时，不能及时被发现。

三、热电阻传感器

(一)热电阻的工作原理

物质的电阻随温度变化而变化的物理现象称为热电阻效应。大多数金属导体的电阻随温度的升高而增加。在金属中参加导电的电子为自由电子，当温度升高时，虽然自由电子数目基本不变(当温度变化范围不是很大时)，但每个自由电子的动能将增加，因此，在一定的电场力作用下，要使这些杂乱无章的电子做定向运动就会遇到更大的阻力，导致金属电阻随温度的升高而增加。其特性方程式如下：

$$R_t = R_0 [1 + \alpha(t - t_0)] \tag{1-19}$$

式中：R_t、R_0——热电阻在 $t℃$、$0℃$时的电阻值；

α——热电阻的电阻温度系数；

t——被测温度。

对于绝大多数金属导体，α 并不是一个常数，而是温度的函数。但在一定的温度范围内，α 可近似地看作一个常数。不同的金属导体，α 保持常数时所对应的温度范围不同。选作感温元件的材料应满足如下要求：

(1) 材料的电阻温度系数 α 要大，α 越大，则热电阻的灵敏度越高；

(2) 在测温范围内，材料的物理、化学性质应稳定；

(3) 在测温范围内，α 应保持常数，以便于实现测温的线性特性；

(4) 具有比较大的电阻率，以利于减少热电阻的体积，减小热惯性；

(5) 特性复现性好，容易复制。

比较适合以上要求的材料有：铂、铜、铁、镍。

根据热电阻效应制成的传感器叫热电阻传感器，简称热电阻。热电阻按电阻-温度特性不同，可分为金属热电阻和半导体热电阻两大类。工程中所说的热电阻一般是指金属热电阻，而半导体热电阻一般又称为热敏电阻。

1. 铂热电阻

铂的物理、化学性能非常稳定，是目前制造热电阻的最好材料。铂热电阻主要作为标准电阻温度计，广泛地应用于温度的基准。ITS-90 规定在 14.8033 K～961.78 ℃范围内，以铂热电阻温度计作为标准仪器。它是目前测温复现性最好的一种温度计。

铂丝的电阻值与温度之间的关系接近于线性，在 0℃～630.755℃范围内可用下式表示：

$$R_t = R_0(1 + At + Bt^2) \tag{1-20}$$

在-190℃～0℃范围内：

$$R_t = R_0(1 + At + Bt^2 + Ct^3) \tag{1-21}$$

式中：R_t、R_0——温度分别为 $t℃$、$0℃$时铂的电阻值；

A、B、C——温度系数，由实验确定。

目前，我国工业用标准铂热电阻有 $R_0 = 10\ \Omega$ 和 $R_0 = 100\ \Omega$ 两种，它们的分度号分别为 Pt10 和 Pt100，Pt100 最为常用，其分度表(即阻值和温度的关系)可查阅相关资料。在实际测量中，只要测得铂热电阻的阻值，便可从分度表中查出其对应的温度值。

铂热电阻一般由直径为 0.05 mm～0.07 mm 的铂丝绕在片形云母骨架上，并使其长度调节为 0℃时阻值是某一固定值，如 100 Ω。铂丝的引线采用银线，如图 1-19 所示。

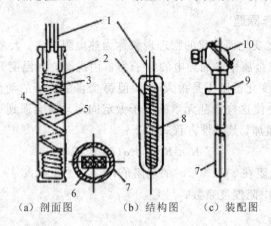

（a）剖面图　　　（b）结构图　　　（c）装配图

1—银引线；2—铂丝；3—锯齿云母骨架；4—保护用云母片；5—银绑带；
6—铂电阻横断面；7—保护套管；8—石英骨架；9—连接法兰；10—接线盒

图 1-19　铂热电阻的结构

2. 铜热电阻

铂热电阻虽然优点多，但价格昂贵，因此，在一些测量精度要求不高且温度较低的场合，普遍采用铜热电阻。铜热电阻可用来测量-50℃～+150℃范围内的温度，在此温度范围内，铜热电阻的线性关系好，灵敏度比铂热电阻高。铜热电阻的优点是容易得到高纯度材料，复制性能好；其主要缺点是铜易于氧化，一般只用于 150℃以下的低温测量和没有水分及无侵蚀性介质的场合。

通常可利用二项式计算 t℃时的铜电阻值：

$$R_t = R_0[1+\alpha(t-t_0)] \tag{1-22}$$

式中：R_t——t℃时的电阻值；

　　　R_0——t_0℃时的电阻值；

　　　α——初始温度为 t_0℃时的温度系数。

由式（1-22）可知，铜热电阻的阻值与温度的关系是线性的。目前工业上使用的标准化铜热电阻分度号主要有 Cu50 和 Cu100 两种，其分度表可查阅相关资料。

3. 铁热电阻和镍热电阻

铁和镍这两种金属的电阻温度系数较高，电阻率较大，故可做成体积小、灵敏度高的热电阻温度计。其主要缺点是容易氧化，化学稳定性差，不易提纯，复制性差，而且电阻值与温度的线性关系差，故目前应用不多。

（二）热电阻测量电路

工业用热电阻安装在生产现场，离控制室比较远，因此，热电阻的引线对测量结果有较大影响。热电阻与仪表或放大器的接线方式有三种：两线制、三线制和四线制。但是因为热电阻本身的阻值很小，所以导线电阻值及其变化就不能忽略。为此，测量电路常采用三线制和四线制接法。

1. 三线制接法

三线制接法适于一般精度的工业测量，如图 1-20 所示。图中，G 为检流计，R_1、R_2、R_3

为固定电阻，R_a 为零位调节电阻。热电阻 R_T 通过电阻为 r_1、r_2、R_g 的三根导线与电桥连接。R_g 与指示仪表 G 相连，指示仪表 G 具有很大的内阻，故流过 R_g 的电流近似为 0，对电桥的平衡没有影响。r_1、r_2 分别接在相邻的两臂内，当温度变化时，只要它们的长度和电阻的温度系数 α 相等，那么它们的电阻变化就不会影响电桥的状态。一般情况下引线一致，即 $r_1 = r_2$。

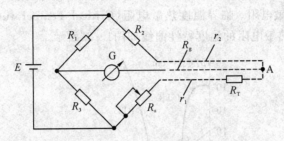

图 1-20　测温电桥的三线制接法

当电桥平衡时，有

$$R_1(R_a + r_1 + R_T) = R_3(R_2 + r_2) \tag{1-23}$$

如果 $R_1 = R_3$，则此种接法中的导线电阻 r_1、r_2 对热电阻的测量毫无影响（注意：以上结论只在 $R_3 = R_1$ 且只有在平衡状态下才成立）。为了消除从热电阻感温体到接线端子间的导线对测量结果的影响，一般要求从热电阻感温体的根部引出导线，且要求引出线一致，以保证它们的阻值相等。

2. 四线制接法

四线制接法适用于高精度的实验室测量，如图 1-21 所示。图中接入了恒流源，测量仪表一般用电位差计，热电阻引出的四根线，两根接在电流回路上，则该导线上引起的电压降不在测量范围内；另外两根接在电压回路上，这些导线上虽有电阻但无电流（电位差计测量时不取电流，认为内阻无穷大）。所以，四根导线的电阻对测量都没有影响。

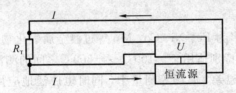

图 1-21　测温电桥的四线制接法

四、热敏电阻传感器

热敏电阻是由一些金属氧化物，如锰、钴、镍、铁、铜等的氧化物，按照不同的比例配方，经高温烧结而成的半导体，同时利用半导体的电阻值随温度变化这一特性工作的。

(一)热敏电阻的结构与特性

热敏电阻与金属热电阻相比，有如下特点：

(1) 电阻温度系数大、灵敏度高，灵敏度比一般金属热电阻高 10~100 倍；

(2) 结构简单、体积小，可以测量点温度；

(3) 电阻率高、热惯性小，适宜动态测量；

(4) 阻值与温度变化呈非线性关系；

(5) 稳定性和互换性较差。

按照半导体电阻随温度变化的特性，热敏电阻可分为三种类型，即正温度系数 (Positive Temperature Coefficient，PTC) 热敏电阻、负温度系数 (Negative Temperature Coefficient，NTC) 热敏电阻、临界温度热敏电阻 (Critical Temperature Resistors，CTR)。PTC、NTC 及 CTR 热敏电阻的温度特性曲线如图1-22所示。

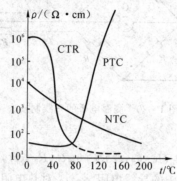

图 1-22　热敏电阻的温度特性

由图 1-22 可知，在工作温度范围内，PTC 热敏电阻具有电阻值随温度升高而升高的特性；NTC 热敏电阻具有电阻值随温度升高而显著减小的特性；CTR 热敏电阻具有在某一特定温度下，电阻值发生突变的特性。

1. PTC 热敏电阻

PTC 热敏电阻主要是采用 $BaTiO_3$ 系列的陶瓷材料掺入微量稀土元素使之半导体化而制成的，当温度超过某一数值时，其电阻值快速增加。PTC 热敏电阻主要应用于各种电器设备的过热保护、发热源的定温控制，也可作为限流元件使用。

2. NTC 热敏电阻

NTC 热敏电阻材料多为 Fe、Ni、Co、Mn 等过渡金属氧化物，具有随温度升高电阻值减小的负温度系数特性，特别适用于-100℃～+300℃之间的测温。NTC 热敏电阻广泛地应用于点温、表面温度、温差、温场等测量中，同时也广泛地应用在自动控制及电子线路的热补偿线路中。

NTC 热敏电阻的温度特性可用如下经验公式表示：

$$R_t = R_0 e^{B\left(\frac{1}{t} - \frac{1}{t_0}\right)}$$

(1-24)

式中：R_t——温度为 t(K)时的电阻值；

　　　R_0——温度为 t_0(K)时的电阻值；

　　　B——热敏电阻的材料常数(由材料、工艺及结构决定)。

除了电阻-温度特性以外，热敏电阻的伏安特性在使用中也是十分重要的。

3. CTR 热敏电阻

CTR 热敏电阻采用以 VO_2 为代表的半导体陶瓷材料，在某一温度附近电阻值会发生突变，在温度仅几度的狭窄范围内，其阻值将下降 3～4 个数量级，该温度称为临界温度。CTR 热敏电阻的主要用途是作温度开关，或用于报警。

（二）热敏电阻的应用

PTC、CTR 热敏电阻主要用作检测元件、电路保护元件等，例如用作温度补偿元件、限流开关、温度报警元件及定温加热器等。

1. 温度补偿

利用 NTC 热敏电阻可对晶体管电路和其他电子线路及电子器件进行温度补偿。如图 1-23 所示，热敏电阻 R_T 接入晶体管电路中，当环境温度变化时，用于维持输出电压 U_o 不变。例如，当环境温度升高时，根据三极管的特性，集电极电流 I_c 上升，这等效于三极管等效电阻下降。从图中可以看出，U_o 增大。若要使 U_o 维持不变，需提高基极 b 点电位，所以选择 NTC 热敏电阻。

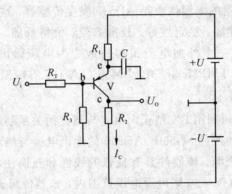

图 1-23　晶体管中温度补偿电路

2. 过热保护

在小电流场合，可把 NTC 热敏电阻直接与负载串接，防止电路过热时损坏被保护器件。图 1-24 所示为用热敏电阻对电机进行过热保护，图中三极管的集电极连接电器线圈，实现对电机运行的控制。

电机正常运行时温度较低，R_T 阻值较大，三极管 V 截止，继电器 J 不动作。当电机过负荷工作时，电机的温度迅速升高，热敏电阻 R_T 阻值迅速减小，当小到一定值后，三极管 V 导通，继电器 J 吸合，实现对电机的保护。

3. 延迟开关

图 1-25 所示为时间延迟电路。接通电源，电路开始工作并散发热量，使电路环境温度上升，经过一定时间后，当 CTR 热敏电阻的温度上升到足够高时，R_T 的阻值发生跃变，阻值极小，继电器 J 被短路。

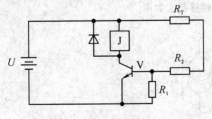

图 1-24　电机过热保护

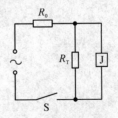

图 1-25　延迟电路

五、集成温度传感器

集成温度传感器也称为温度传感器集成电路，是利用晶体管 PN 结的伏安特性与温度的关系，把敏感元件、放大电路和补偿电路等集成化，并把它们封装在同一壳体里的一种一体化温度检测元件。

集成温度传感器按信号的输出形式可分为模拟输出型和数字输出型两种。其中，模拟输出型又包括电流输出型和电压输出型；数字输出型又可以分为开关输出型、并行输出型、串行输出型等。

（一）模拟式集成温度传感器

模拟式集成温度传感器的典型代表是 AD590 温度传感器，这种传感器具有灵敏度高、体积小、反应快、测量精度高、稳定性好、校准方便、价格低廉、使用简单等优点。另外，AD590 的电流输出可通过一个外加电阻很容易地变为电压输出。除 AD590 之外，还有 HTS1、LM334、TMP17、TMP35/36/37、LM35、LM135 等模拟式集成温度传感器。

1. AD590 温度传感器

AD590 是美国 AD 公司利用 PN 结正向电流与温度的关系制成的电流输出型温度传感器，中国也开发了同类型的产品 SG590。AD590 的输出电流与绝对温度成比例，在被测温度一定时，相当于一个恒流源。该器件具有良好的线性和互换性，测量精度高，具有消除电源电压波动的特点。在 4 V～30 V 电源电压范围内，该器件可充当一个高阻抗的恒流调节器，调节系数为 1 μA/K。

1）AD590 的功能

AD590 是电流型温度传感器，通过对电流的测量可得到所需要的温度值。根据特性不同，AD590 的后缀分别以 I、J、K、L、M 表示，其元件外形如图 1-26 所示，引脚说明和电路符号如图 1-27 所示。AD590L 和 AD590M 一般用于精密温度测量电路，该类传感器采用金属壳 3 脚封装，其中，1 脚为电源正端 U_+；2 脚为电流输出端 $I_。$；3 脚为管壳，一般不用。

图 1-26　AD590 集成温度传感器实物图

图 1-27　引脚说明及电路符号

2）AD590 的主要特性

（1）输出电流与温度呈线性关系。流过器件的电流（μA）等于器件所处环境的热力学温度（开尔文），可表示为

$$\frac{I_r}{T}=1 \tag{1-25}$$

式中：I_r——流过器件（AD590）的电流，单位为 μA；

　　　T——热力学温度，单位为 K。

AD590 的输出电流是以绝对温度零度（-273℃）为基准，每增加 1℃，它会增加 1 μA 输出电流，因此在室温 25℃时，其输出电流 $I_o=273+25=298$ μA。

（2）测温范围宽。AD590 的测温范围为-55℃～$+150$℃。

（3）工作电压范围宽。AD590 的电源电压范围为 4 V～30 V，可以承受 44 V 正向电压和 20 V 反向电压，因而器件即使反接也不会被损坏。

（4）输出电阻高。AD590 的输出电阻为 710 MΩ。

（5）线性度好。AD590 在-55℃～$+150$℃范围内，非线性误差仅为±0.3℃。

（6）精度高。AD590M 的测温精度可达±0.5℃。

（7）二端器件。AD590 为电压输入，电流输出。

3）AD590 的测温应用

AD590 广泛应用于不同的温度检测场合，可用于测量热力学温度、摄氏温度、两点温度差、多点最低温度、多点平均温度等。AD590 虽是一种模拟温度传感器，但附加上一些电路也可输出数字信号，图 1-28 所示就是由 AD590 和 A/D 转换器 7106 组成的数字式温度测量电路。电位器 R_{P1} 用于调整基准电压，R_{P2} 用于在 0℃时调零。当被测温度变化时，通过 AD590 的电流不同，使得 A 点电位发生相应变化，检测此电位即能检测被测温度（AD590 所在处温度）的高低。A 点电位送入 7106 的 30 脚，经处理后，再送入显示电路，驱动 LED 显示出被测温度。

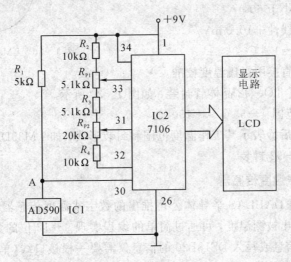

图 1-28　应用电路

2. LM35 温度传感器

LM35 温度传感器是由 National Semiconductor 公司生产的模拟式集成温度传感器，

其输出电压与摄氏温度呈线性关系，转换公式为

$$U_。(mV) = 10(mV/℃) \times t(℃)$$

0℃ 时，LM35 输出为 0 V，每升高 1℃，输出电压增加 10 mV。在常温下，LM35 不需要额外的校准处理即可达到 ±1/4℃的准确率。LM35 的电源供应模式有单电源与正负双电源两种，如图 1-29 所示，正负双电源的供电模式可提供负温度的测量。LM35 在静止温度中自热效应低(0.08℃)，单电源模式在 25℃下静止电流约为 50 μA，工作电压较宽，可在 4 V～20 V 的供电电压范围内正常工作，非常省电。

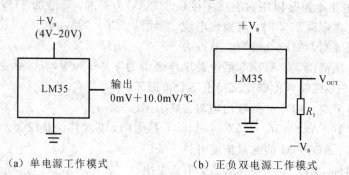

（a）单电源工作模式　　　　　　（b）正负双电源工作模式

图 1-29　LM35 的供电模式

LM35 具有以下特点：

(1) 工作电压：直流 4 V～20 V。

(2) 工作电流：小于 133 μA。

(3) 输出电压：+6 V～-1.0 V。

(4) 输出阻抗：1 mA 负载时输出阻抗为 0.1 Ω。

(5) 精度：0.5℃(在+25℃时)。

(6) 漏泄电流：小于 60 μA。

(7) 比例因数：线性+10.0 mV/℃。

(8) 非线性值：±1/4℃。

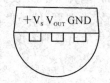

图 1-30　LM35 的 TO-92 封装

(9) 校准方式：直接用摄氏温度校准。

(10) 封装：塑料 TO-92 晶体管封装，如图 1-30 所示。

(11) 使用温度范围：-55℃～+150℃。

LM35 用不同的后缀表示其工作温度范围和封装形式，如 LM35DZ 表示它可以工作于 0℃～100℃，为 TO-92 封装。

（二）数字式集成温度传感器

DS18B20 是美国 DALLAS 半导体公司推出的数字式温度传感器，是 DS1820 的更新产品。它能够直接读出被测温度，可通过简单的编程实现 9～12 位的数字读数方式，并且从 DS18B20 读出的信息或写入 DS18B20 的信息仅需要一根接口线(单线接口)。温度变换功率来源于数据总线，总线本身也可以向所挂接的 DS18B20 供电，而无需额外电源。因而使用 DS18B20 可使系统结构更趋简单、灵活，可靠性更高。DS18B20 广泛用于军用、民用、工业等领域的温度测量及过程控制。

DS18B20 温度传感器具有以下特点：

（1）单线接口，只有一根信号线与 CPU 连接，可实现微处理器与 DS18B20 的双向串行通信，无需任何外部元件。

（2）不需要备份电源，可用数据线供电，电压范围为＋3.0 V～＋5.5 V；

（3）测温范围为－55℃～＋125℃，最大误差不超过±2℃；在－10℃～85℃温度范围内，精度为±0.5℃。

（4）通过编程可实现 9～12 位的数字读数方式，在 93.75 ms 和 750 ms 内可将温度值转化 9 位和 12 位的数字量。

（5）用户可自行定义、设定报警上下限值，存在非易失存储器中。

（6）支持多点组网功能，多个 DS18B20 可以并联使用，实现多点测温。

（7）具有电源反接保护电路，当电源极性接反时，能保护芯片不会因发热而烧毁，但此时芯片不能正常工作。

┌╌╌╌╌╌╌╌╌┐
┆ 技能训练 ┆
└╌╌╌╌╌╌╌╌┘

温度传感器的特性测试

（一）实训目的

（1）了解常用温度传感器的基本原理、性能与应用。

（2）测量热电偶、热敏电阻等温度传感器的温度特性。

（二）实训器材

本实训项目所需的器材如表 1－2 所示。

表 1－2　实 训 器 材

序号	实训器材	数量	序号	实训器材	数量
1	智能型制冷/加热温度控制仪	1	4	F/V 表	1
2	直流稳压稳流电源	1	5	温度传感器	若干
3	差动放大器	1	6	导线	若干

（三）实训操作

测量热电偶、NTC 热敏电阻等传感器的温度特性。

1. 连线

（1）制冷井和加热井分别用电缆与温度控制仪后面板的专用端口连接。

（2）按图 1－31 所示连接温度传感器检测电路，F/V 表切换开关置 2 V 挡，差动放大器增益调到最大。通过制冷井调节温度，观察 F/V 表显示值的变化，待显示值稳定不变时记录下 F/V 表显示的读数。

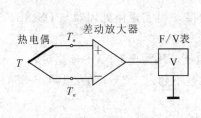

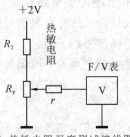

　　（a）热电偶温度测试接线图　　　　　　（b）热敏电阻温度测试接线图

图 1-31　温度传感器特性测试电路图

2. 开机

先让制冷井工作，温度设置为 0℃，制冷电流选择"高"，让制冷井降至 0℃。

3. 测量

从 0℃→100℃→0℃完成一次温度循环，每隔 10℃测量热电偶的输出热电势和 NTC 传感器的电阻 R_{NTC}。

注意：

（1）当制冷井的温度升至室温后需将传感器转移至加热井继续升温。

（2）加热井的加热电流先选择"低"，等温度上升比较缓慢时再改用"高"。从 100℃开始降温时先选择"低"，等温度下降比较缓慢后再选择"断"。避免升温和降温速度太快，来不及记录数据。

4. 数据记录及处理

（1）记录不同温度下热电偶的输出热电势和 NTC 热敏电阻的电阻值 R_{NTC}，填入表 1-3中。

表 1-3　测试记录表

摄氏温度 $t/℃$	热电偶的输出热电势			NTC 热敏电阻 R_{NTC}		
	升温/mV	降温/mV	平均/mV	升温 R'_{NTC} /Ω	降温 R''_{NTC} /Ω	平均 R_{NTC} /Ω

（2）数据处理。

① 根据热电偶的输出热电势与温度之间的关系，查热电偶分度表，求被测温度。

② 作 NTC 的 $R_{NTC} \sim t(℃)$ 关系曲线。

③ 列表写出 $1/t$ 和 $\ln R_{NTC}$ 的数值，并作 $\ln R_{NTC} \sim 1/t$ 关系曲线，用最小二乘法求常数 B 和 R_0，可用数据处理软件进行拟合。

（四）实训考核

实验结束后，学生可依据表 1-4 所示的实训考核内容和评分标准进行小组自评、互评并打分。

表 1-4　实训考核表

考核内容		评 分 标 准	小计
(1) 信息收集能力 (10 分)		能根据任务要求收集温度传感器的相关资料，不扣分	
		不主动收集资料，扣 4 分	
		不收集资料，扣 10 分	
(2) 项目的原理 (15 分)		叙述传感器测量温度的工作原理准确，不扣分	
		叙述条理不清楚、不准确，每错一处扣 2 分	
(3) 具体操作 (20 分)		接线正确、数据记录完整，不扣分	
		接线正确、数据记录不完整，扣 5 分	
		接线不正确，扣 10 分	
(4) 数据处理 (10 分)		数据处理正确，不扣分	
		数据处理方法正确，但结果不对，扣 5 分	
		数据处理方法不对，扣 10 分	
(5) 汇报表达能力 (10 分)		表达完整、条理清楚，不扣分	
		表达虽不够完整但条理清楚，扣 4 分	
		表达不完整、条理不清楚，扣 8 分	
(6) 素质 (35 分)	基本素质 (15 分)	考勤(10 分)　出全勤、不迟到、不早退，不扣分	
		考勤(10 分)　不能按时上课，每迟到或早退一次扣 3 分	
		学习态度(5 分)　学习认真、及时预习复习，不扣分	
		学习态度(5 分)　学习不认真、不能按要求完成任务，扣 3 分	
	专业素质 (20 分)	实训报告(10 分)　按时、完整、正确地完成实训报告，不扣分	
		实训报告(10 分)　按时完成实训报告，不完整但正确，扣 3 分	
		实训报告(10 分)　不能按时完成实训报告，不完整或有错误，扣 6 分	
		团结协作意识(4 分)　能团结同学、互相交流、分工协作完成任务，不扣分	
		安全意识(6 分)　安全、规范操作，不扣分	
总 成 绩			

任务二　数显温度检测电路的设计

┌─────────────┐
│ 任务目标 │
└─────────────┘

　　以室内温度数码显示电路为例，理解温度检测电路的组成和工作原理。通过仿真测试、实物安装和调试等，掌握温度数码显示电路的仿真与设计工作流程。

┌─────────────┐
│ 知识链接 │
└─────────────┘

　　本电路通过温度传感器 LM35 采集温度信号并将温度信号线性地转换成电压信号输出，电压信号再经过整形电路送到 A/D 转换器，然后通过译码器驱动数码管显示温度。

一、温度检测电路原理图设计

(一) 双积分型 A/D 转换器 ICL7107

　　双积分型 A/D 转换器 ICL7107 集 A/D 转换和译码于一体，可以直接驱动数码管，且只需要很少的外部元件就可以精确测量 0 mV～200 mV 电压信号。ICL7107 通过对输入模拟电压和参考电压分别进行两次积分，将输入电压平均值变换成与之成正比的时间间隔，然后利用脉冲时间间隔，进而得出相应的数字输出。ICL7107 包括积分器、比较器、计数器，控制逻辑和时钟信号源。积分器是 A/D 转换器的心脏，在一个测量周期内，积分器先后对输入信号电压和基准电压进行两次积分。比较器将积分器的输出信号与零电平进行比较，比较的结果作为数字电路的控制信号。时钟信号源的标准周期作为测量时间间隔的标准时间，它是由内部的两个反向器以及外部的 RC 组成的。计数器对反向积分过程的时钟脉冲进行计数。控制逻辑包括分频器、译码器、相位驱动器、控制器和锁存器。

1. 功能与特点

　　(1) ICL7107 是 $3\frac{1}{2}$ 位双积分型 A/D 转换器，属于大规模 CMOS 集成电路，它的最大显示值为 ±1999，最小分辨率为 100 μV，转换精度为 0.05±1 个字。

　　(2) 能直接驱动共阳极 LED 数码管，不需要另加驱动器件，芯片采用 ±5 V 两组电源供电。

　　(3) 在芯片内部有一个稳定性很高的 2.8 V 基准电源，通过电阻分压器可获得所需的基准电压。

　　(4) 能通过内部的模拟开关实现自动调零和自动极性显示功能。

　　(5) 输入阻抗高，对输入信号无衰减作用。

　　(6) 整机组装方便，无需外加有源器件，配上电阻、电容和 LED 共阳极数码管，就能构成一只直流数字电压表头。

　　(7) 噪声低，温漂小，具有良好的可靠性，寿命长。

(8) 芯片本身功耗小于 15 mW(不包括 LED)。

2. 引脚功能

(1) V_+(1 脚)和 V_-(26 脚)分别为电源的正极和负极。

(2) A1~G1、A2~G2、A3~G3 分别为个位、十位、百位笔画的驱动信号,依次接个位、十位、百位 LED 数码管的相应笔画电极。

(3) AB4:千位笔画驱动信号,接千位数码管相应的笔画电极。

(4) OSC1~OSC3:时钟振荡器的引出端,外接阻容或石英晶体组成的振荡器。

(5) COM:模拟信号公共端,简称"模拟地",使用时一般与输入信号的负端以及基准电压的负极相连。

(6) TEST:测试端,该端经过 500 Ω 电阻接至逻辑电路的公共地,故也称"逻辑地"或"数字地"。

(7) REF HI 和 REF LO:基准电压正、负端。

(8) C_{REF}^+ 和 C_{REF}^-:外接基准电容端。

(9) INT:接一个积分电容器,必须选择温度系数小且不致使积分器的输入电压产生漂移现象的电容器。

(10) IN HI 和 IN LO:模拟量输入端,分别接输入信号的正端和负端。

(11) A-Z:积分器和比较器的反向输入端,接自动调零电容 C_{AZ}。

(12) BUFF:缓冲放大器输出端,接积分电阻 R_{int}。

图 1-32 ICL7107 引脚图

(二) LM385

LM385 为微功率二端带隙稳压器芯片,工作电流为 10 μA~20 μA。LM385 有 TO-92

和 SOP - 8 两种封装，有固定电压 1.2 V(LM385 - 1.2)、2.5 V(LM385 - 2.5)和可调电压
(LM385 - ARJ)三种电压规格，其封装和标准应用电路分别如图 1 - 33 和图 1 - 34 所示。

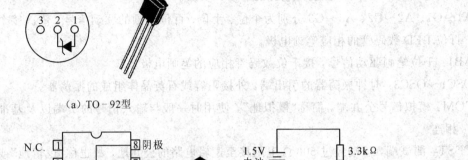

（a）TO - 92型

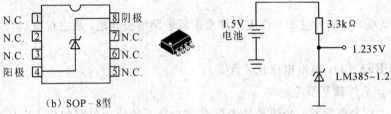

（b）SOP - 8型

图 1 - 33　LM385 封装与引脚定义　　　图 1 - 34　LM385 标准应用电路

（三）LED 数码管

数码管的结构为预留 8 字形槽的塑料框，小型数码管 8 字形槽内封装有 7 个发光管
（连小数点共 8 个），大型数码管有 2 个或更多。不同的发光管亮即可组成 0～9 的数字。有
小数点的称为 8 段数码管，没有的称为 7 段数码管。

（1）按照极性不同，LED 数码管分共阳极（8 个发光管的正极连接在一起作为公共
端）、共阴极（8 个发光管的负极连接在一起作为公共端），如图 1 - 35 所示。

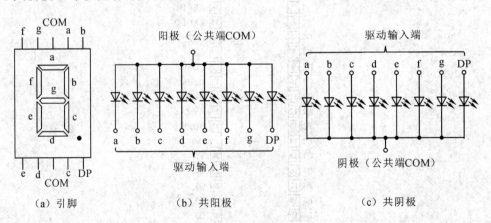

（a）引脚　　　　　　　　　　（b）共阳极　　　　　　　　　　（c）共阴极

图 1 - 35　数码管的引脚和连接方式

（2）按照尺寸不同，LED 数字管有 0.28 英寸、0.3 英寸、0.36 英寸、0.4 英寸、0.5 英
寸、0.56 英寸、0.6 英寸、0.8 英寸、1.0 英寸直到 8 英寸等。如 0.56 英寸 LED 数码管的
外尺寸为 12.6 mm×19 mm。

（3）按照发光管颜色不同，LED 数码管常见的有红色、绿色、蓝色、白色、黄色等。

（4）按照 8 字的个数不同，有 1 位数码管（一个 8 字）、2 位数码管（两个 8 字组合）、3 位数码管、4 位数码管等，如图 1 - 36 所示。

　　（a）1位数码管　　　　（b）2位数码管　　　　（c）3位数码管　　　　（d）4位数码管

图 1 - 36　各类型数码管

数码管检测：根据其特点，数码管可以按照发光管的测量方法，用数字万用表的二极管挡来测量。对于共阳极的数码管，红笔接公共端（3 脚或 8 脚），黑笔接其他脚，相应的笔画会亮，共阴极的数码管类似，据此也可以判定数码管的极性、颜色、好坏等。

（四）温度检测电路原理图

温度检测电路原理图如图 1 - 37 所示。IC2（ICL7660）与其外围元件组成直流电压转换器，将＋5 V 变为－5 V，供给 IC1。IC1（ICL7107）与外围元件组成电压表电路，LED 数码管显示的是 IN＋处所输入的电压值。我们借用这个电压表电路来制作数显温度计。本设计使用温度传

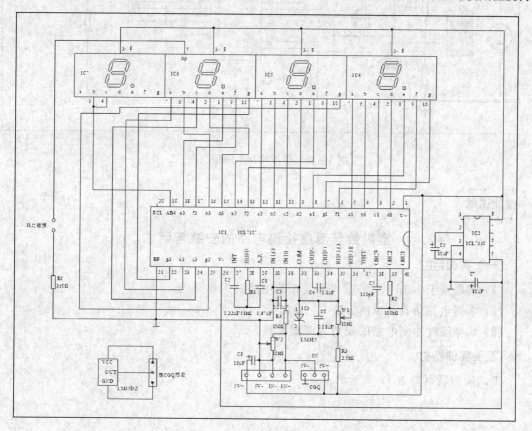

图 1 - 37　温度检测电路原理图

感器 LM35DZ 对温度进行采集，并将温度变化最终转换成电压输出，送入电路中的 CGQ 位置。可调电阻 W2 和 R4 用于调节温度采集电路的输出电压 VIN，与 ICL7107 本身的参考电压 VREF(可通过 W1 调节)相匹配，LED 显示的数字为＝1000×(VIN/VREF)。

二、温度检测电路功能仿真

使用 Proteus 软件对图 1－37 中的核心的电路进行仿真，结果如图 1－38 所示。

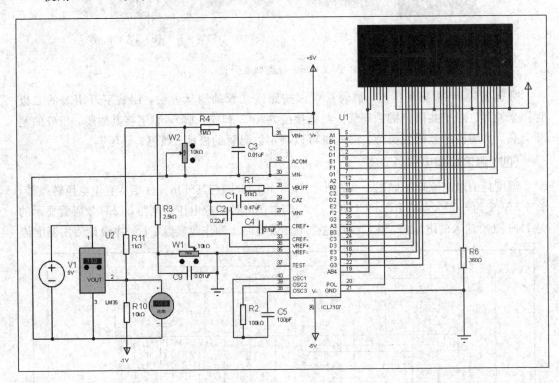

图 1－38　温度检测电路仿真图

 技能训练

室内数显温度检测电路的安装与调试

(一)实训目的

(1) 掌握基于 ICL7107 的室内温度检测电路的工作原理。

(2) 掌握电路仿真测试的方法。

(3) 掌握温度检测电路的安装与调试流程。

(二)实训器材

实训所需器材如表 1－5 所示。

表 1-5 实训器材

序号	名 称	型号/参数/封装	数量
1	电阻 R1	51 kΩ 1/8 W	1
2	电阻 R2	100 kΩ 1/8 W	1
3	电阻 R3	2.5 kΩ 1/8 W	1
4	电阻 R4	1 MΩ 1/8 W	1
5	电阻 R6	360 Ω 1/8 W	1
6	多圈精密微调电阻 W1	10 kΩ	1
7	CBB 电容 C1	0.47 μF	1
8	CBB 电容 C2	0.22 μF	1
9	独石电容 C3、C9	0.01 μF	2
10	CBB 电容 C4	0.1 μF	1
11	独石电容 C5	100 pF	1
12	电解电容 C6、C7、C8	10 μF	3
13	3 位半 A/D 转换器 IC1	ICL7107 DIP-40	1
14	直流电压变换器 IC2	ICL7660 SOT-8	1
15	稳压芯片 IC3	LM385-1.2 TO-92	1
16	数码管 IC4～IC7	0.56 英寸/1 位/共阳	4
17	温度传感器芯片 IC8	LM35DZ TO-92	1
18	IC 座	DIP-40	1
19	插座 CGQ	3P 2.54	1
20	插座 CZ	4P 2.54	1
21	3P 端子线	3P 2.54	1
22	4P 端子线	4P 2.54	1
23	PCB 板	36 mm×67 mm 双面板	1
24	外壳	带滤光片	1 套
25	万用表	数字式	1 套
26	焊接工具套装		1 套

（三）实训操作

（1）按照图 1-37 对相关元件进行连接，要注意芯片各管脚的作用以及该如何进行接线。

（2）步骤(1)完成后，接通电源，观察数码管和二极管是否亮，若不亮，要对电路电源进行检测，看是否有线路接触不良或者电路短路等问题。

（3）将 ICL7107 的 Test 脚（37 脚）接高电平，观察数码管的显示是否为－188.8，如果是，说明显示部分连接正常。然后改变 LM35DZ 的温度值，观察数码管显示值是否随着温度的变化而变化。

（4）若数码管数值与温度值相差太大，则要检查信号采集电路中各元件值是否正确。

为了验证设计电路的正确性以及它的实验数据，我们对实物进行验证。用带有温度测量功能的数字万用表与本设计电路对同一物体进行测量并进行比较，将测量结果填入表 1-6 中。

表 1-6 万用表与设计电路数据的比较

测量工具 / 测量环境	数字万用表	数显温度计
室温		
冷水袋		
温水袋		

（四）实训考核

根据完成实训综合情况，给予考核，考核内容及评分标准见表 1-7。

表 1-7 实训考核表

考核内容	评分标准		小计
（1）温度传感器的工作原理（10分）	叙述传感器的工作原理准确、完善，不扣分		
	叙述条理不清楚、不准确，每处扣 1 分		
（2）温度检测电路的工作原理（10分）	叙述检测电路的工作原理准确、完善，不扣分		
	叙述条理不清楚、不准确，每处扣 1 分		
（3）仪器仪表的使用（10分）	确定和识别一个常用电子元件的好坏，并使用仪器测量电路中一个点的信号	正确使用测量仪器，会测试传感器等常见元件的好坏，不扣分	
		不会判断和识别常用电子元件好坏，扣 3 分	
		不会使用常见测量仪器，扣 3 分	
（4）实训器件的选取（10分）	对本实训项目所需元件进行测试（7分）	能完成传感器等各元器件的性能检测，不扣分	
		不能完全完成各元器件的性能检测，扣 7 分	
	选型（3分）	能正确选用本项目所需元器件，不扣分	
		不能正确选用本项目所需元器件，扣 3 分	
（5）电路安装与调试（20分）	能正确安装并调试成功，不扣分		
	不能正确安装，但能找到故障原因，扣 8 分		
	不能正确安装，也不能找到故障原因，扣 20 分		

续表

考核内容		评 分 标 准	小计
(6) 电路布局(10分)		电路布局美观、合理,无跳线和交叉线,不扣分	
		电路布局美观、合理,每处跳线和交叉线扣2分,扣完为止	
		电路布局不美观、不合理,每处跳线和交叉线扣3分,扣完为止	
(7) 素质 (30分)	基本素质 (10分)	考勤 (5分)　不迟到,不早退,按时完成任务,不扣分	
		考勤 (5分)　上课每迟到或早退一次扣4分,扣完为止	
		协作意识 (5分)　能与同学积极进行交流、分工协作,不扣分	
	专业素质 (20分)	实训报告 (10分)　按时完成报告,且整洁、合理,要素齐全,不扣分	
		实训报告 (10分)　按时完成报告,虽不够整洁但要素齐全,扣2分	
		实训报告 (10分)　不能按时完成报告,且不够整洁、内容不齐全,扣6分	
		操作规范 (10分)　安全、规范操作,无元件损坏,不扣分	
		操作规范 (10分)　元件损坏每个扣2分,扣完为止	
总 成 绩			

项 目 小 结

通过本项目的学习,掌握如下知识重点:
(1) 常用温度传感器的组成、结构等基本特性。
(2) 常用温度传感器的工作原理。
(3) 常用温度传感器测量电路的特点以及电路补偿原理。
通过本项目的学习,掌握如下实践技能:
(1) 能正确分析、制作与调试温度传感器应用电路。
(2) 掌握温度传感器的工作原理并会选型。

思 考 与 练 习

1. 测温仪表有哪些分类方式?
2. 工业上常用的热电偶有哪些? 各有何特点?
3. 利用热电偶测温时,为什么要用补偿导线?
4. 为什么要进行热电偶冷端温度补偿? 有哪几种冷端温度补偿方法?
5. 试述热电阻温度计的工作原理,并指出常用热电阻的种类。
6. 热电阻与动圈式仪表配套使用时,为什么要采用三线制接法?
7. 简要说明集成温度传感器的主要特性。

项目二　测速传感器在电动机转速检测系统中的应用

速度是衡量设备或物体运动状况的一项重要指标，也是描述物体振动的重要参数。速度的测量可分为线速度的测量和角速度的测量(转速的测量)。常用的测速传感器有磁电式传感器、霍尔传感器、光电式传感器等。

本项目需要完成以下任务：

(1) 测速传感器的选择。

(2) 电动机转速检测系统的设计。

知识目标

(1) 了解测速传感器的种类及工作原理。

(2) 掌握常用测速传感器的结构及基本特性。

(3) 了解常用测速传感器的应用。

能力目标

(1) 能够对测速传感器进行性能测试。

(2) 能够根据实际需要正确选用合适的测速传感器。

(3) 能够完成简单的转速检测系统的设计。

任务一　测速传感器的选择

任务目标

通过本任务的学习，学生能了解测速传感器的种类，了解常用测速传感器的结构及工作原理，能够对测速传感器的主要特性进行测试，能根据实际情况选用测速传感器。

知识链接

一、磁电式传感器

磁电式传感器是利用电磁感应原理将被测量(如振动、位移和转速等)转换成电信号的传感器，是无源传感器，即不需要辅助电源就能将被测机械量转换成易于测量的电量。磁电式传感器的输出功率大，性能稳定，有一定的工作带宽(10 Hz～1000 Hz)，故应用比较广。

(一) 磁电式传感器的工作原理

由电磁感应定律，W 匝的线圈在恒定磁场中运动时，线圈两端产生的感应电动势 e 为

$$e = -W \frac{\mathrm{d}\Phi}{\mathrm{d}t} \tag{2-1}$$

其中，$\mathrm{d}\Phi/\mathrm{d}t$ 是磁通量变化率。若线圈相对于磁场运动的线速度和角速度分别为 v 和 ω，则

$$e = -WBlv \tag{2-2}$$

$$e = -WBS\omega \tag{2-3}$$

其中，l 为每匝线圈的平均长度，B 为磁感应强度，S 为每匝线圈的平均截面积。由式(2-2)和式(2-3)可以看出，当结构参数 B、l、W、S 确定后，感应电动势就只是 v、ω 的函数，且与之成正比，故磁电式传感器可用来测振动或转速。

(二) 磁电式传感器的结构类型

根据结构不同，磁电式传感器可分为变磁通式和恒磁通式两种类型。

1. 变磁通式

变磁通式又叫变磁阻式，可分为开磁路和闭磁路两种。开磁路磁电式传感器的结构如图 2-1(a)所示。线圈 3 和永久磁铁 5 静止不动，测量齿轮 2(由导磁材料制成)安装在被测旋转物体上，随被测物体 1 一起转动。当齿轮转动时，每转过一个齿，传感器磁路的磁阻就变化一次，磁通也变化一次，线圈 3 中的感应电动势也变化一次。因此线圈 3 中感应电动势的变化频率等于测量齿轮 2 上的齿数和转速的乘积。

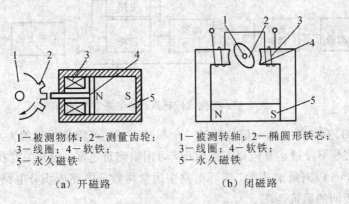

1—被测物体；2—测量齿轮；　　1—被测转轴；2—椭圆形铁芯；
3—线圈；4—软铁；　　　　　　3—线圈；4—软铁；
5—永久磁铁　　　　　　　　　5—永久磁铁

　　　(a) 开磁路　　　　　　　　　　(b) 闭磁路

图 2-1　变磁通式磁电传感器的结构和工作原理

闭磁路磁电式传感器的结构如图 2-1(b)所示。被测转轴 1 带动椭圆形铁芯 2 在磁场气隙中做周期性转动，使气隙平均长度发生周期性变化，磁路的磁阻也发生周期性变化，从而使磁通发生变化，故线圈 3 中感应电动势的频率正比于被测转轴的转速。

2. 恒磁通式

图 2-2(a)所示为恒磁通式磁电传感器的结构。永久磁铁 4 产生恒定磁场，它固定在

传感器的壳体内。线圈 3 绕在金属骨架 1 上，1 固定在弹簧 2 上，弹簧 2 与壳体 5 相连。当 5 和 4 随被测物体一起振动时，由于弹簧 2 较软，而线圈 3 和金属骨架 1 质量太大，跟不上振动的节奏，故可认为线圈 3 静止不动，振动能量被弹簧 2 吸收，磁铁 4 与线圈 3 相对运动，相当于线圈 3 切割磁力线，产生与运动速度 v 成正比的感应电动势 e，即

$$e = -W_0 B_0 l v \tag{2-4}$$

其中，W_0 为线圈匝数，B_0 为磁感应强度，l 为每匝线圈的平均长度。

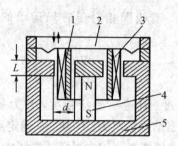

1—金属骨架；2—弹簧；3—线圈；4—永久磁铁；5—壳体
图 2-2　恒磁通式磁电传感器的结构和工作原理

（三）磁电式传感器的测量电路

根据磁电式传感器的工作原理，可知它的输出电动势与运动速度成正比，故可以用来测量速度。在实际测量中，也可用来测量位移（振幅）或加速度。为了能使信号大小与位移或加速度成正比，必须将信号加以变换，一般是在电路中接入一积分电路和微分电路，并用开关进行切换。图 2-3 所示为磁电式传感器测量电路方框图。

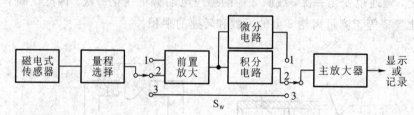

图 2-3　磁电式传感器测量电路方框图

当开关 S_w 打在位置 2 时，信号经过一个积分电路，可测量位移的大小；当开关 S_w 打在位置 3 时，信号不经过运算电路直接输出，可用来测量速度；当开关打在位置 1 时，信号通过微分电路，可以测量加速度。实际电路中通常将微分电路或积分电路置于两级放大器中间，以利于级间的阻抗匹配。

（四）磁电式传感器的应用

1. 测振动速度

图 2-4 所示是动圈式振动速度传感器结构示意图。该传感器主要由钢制圆形外壳制成，里面用铝支架将圆柱形永久磁铁与外壳固定成一体，永久磁铁中间有一小孔，穿过小孔的芯轴两端架起线圈和阻尼环，芯轴两端通过圆形膜片支撑架空且与外壳相连。工作时，传感器与被测物体刚性连接，当物体振动时，传感器外壳和永久磁铁随之振动，而架

空的芯轴、线圈和阻尼环因惯性而不随之振动。因而，磁路空气隙中的线圈切割磁力线而产生正比于振动速度的感应电动势，线圈的输出通过引线输出到测量电路。该传感器测量的是振动速度参数，若在测量电路中接入积分电路，则输出电势与位移成正比；若在测量电路中接入微分电路，则其输出电势与加速度成正比。

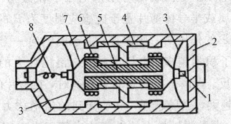

1—芯轴；2—外壳；3—弹簧片；4—铝支架；
5—永久磁铁；6—线圈；7—阻尼环；8—引线
图 2-4　动圈式振动速度传感器结构示意图

2. 测扭矩

图 2-5 是磁电式扭矩传感器的工作原理图。在驱动源和负载之间的扭转轴的两侧安装有齿形圆盘，其旁边相应地装有两个磁电传感器。当扭矩作用在扭转轴上时，两个磁电传感器输出的感应电压 u_1 和 u_2 存在相位差。这个相位差与扭转轴的扭转角成正比。这样，传感器就可以把扭矩引起的扭转角转换成相位差的电信号。

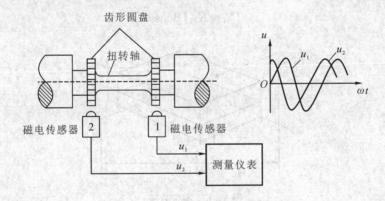

图 2-5　磁电式扭矩传感器的工作原理图

二、霍尔传感器

霍尔传感器是利用霍尔元件的霍尔效应制作的半导体磁敏传感器。半导体磁敏传感器是指电参数按一定规律随磁性量变化的传感器。常用的磁敏传感器有霍尔传感器和磁敏电阻传感器，除此之外还有磁敏二极管、磁敏晶体管等。由于磁敏器件是利用磁场工作的，因此可以通过非接触方式检测被测参数，另外，这种方式还可以使传感器使用寿命长、可靠性高。

利用磁场作为媒介可以检测很多物理量，如位移、振动、力、转速、加速度、流量、电流、电功率等。在很多情况下，可采用永久磁铁来产生磁场，由于不需要附加能量，因此这一类传感器得到了极为广泛的应用。

（一）霍尔传感器的工作原理

1879 年，霍尔发现若在通有电流的金属板上加一匀强磁场，当电流方向与磁场方向垂直时，在与电流和磁场都垂直的金属板的两表面间将出现电势差，这个现象称为霍尔效应，这个电势差称为霍尔电动势，其成因可用带电粒子在磁场中所受到的洛伦兹力来解释。如图 2-6 所示，将金属或半导体薄片置于磁感应强度为 B 的磁场中，当有电流流过薄片时，电子受到洛伦兹力 F 的作用向一侧偏移，由于电子向一侧堆积而形成电场，该电场对电子又产生电场力。电子积累越多，电场力越大。洛伦兹力的方向可用左手定则判断，它与电场力的方向恰好相反。当两个力达到动态平衡时，在薄片的 AB 方向建立稳定电场，即霍尔电动势。激励电流越大，磁场越强，电子受到的洛伦兹力也越大，霍尔电动势也就越高。其次，薄片的厚度、半导体材料中的电子浓度等因素对霍尔电动势也有影响。霍尔电动势 U_H(mV) 的数学表达式为

$$U_H = K_H IB \tag{2-5}$$

式中：K_H——霍尔元件的灵敏度系数，单位为 mV/(mA·T)；

　　　B——磁感应强度，单位为 T；

　　　I——输入电流，单位为 mA。

霍尔电动势与输入电流 I、磁感应强度 B 成正比，且当 I 或 B 的方向改变时，霍尔电动势的方向也随之改变。如果磁场方向与半导体薄片不垂直，而是与其法线方向的夹角为 θ，则霍尔电动势为

$$U_H = K_H IB\cos\theta \tag{2-6}$$

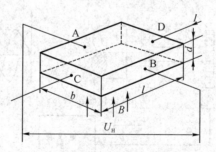

图 2-6　霍尔效应

（二）霍尔元件

由于导体的霍尔效应很弱，而半导体的霍尔效应较强，故霍尔元件都用半导体材料制作。目前常用的霍尔元件材料是 N 型硅，它的灵敏度系数、温度特性、线性度均较好。锑化铟(Insb)、砷化铟(InAs)、N 型锗(Ge)等也是常用的霍尔元件材料。锑化铟元件的输出较大，受温度影响也较大；砷化铟和锗的输出不及锑化铟大，但温度系数小，线性度好。砷化镓(GaAs)是新型的霍尔元件材料，温度特性和输出线性都好，但价格贵。

霍尔元件是一种四端薄片，它一般做成正方形，在薄片的相对两侧对称地焊上两对电极引出线，一对称极为激励电流端，另一对称极为霍尔电动势输出端。

霍尔元件的电路符号如图 2-7(a)所示。霍尔元件的壳体用非导磁性金属、陶瓷、塑料

或环氧树脂封装，其外形图如图 2-7(b)所示。

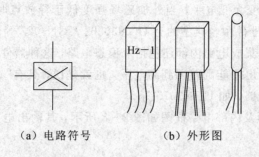

　　（a）电路符号　　　　　（b）外形图

图 2-7　霍尔元件

（三）霍尔元件的特性参数

1. 输入电阻 R_i

输入电阻是指控制电流极间的电阻值，规定要在室温为 20℃±5℃ 的环境条件下测取。

2. 输出电阻 R_o

输出电阻是指霍尔电极间的电阻值，规定要在室温为 20℃±5℃ 的环境条件下测取。

3. 最大激励电流 I_m

使霍尔元件温升 10℃ 所施加的控制电流称为额定激励电流，通常用 I_H 表示。由于霍尔电动势随激励电流的增大而增大，故在应用中总希望选用较大的激励电流。但激励电流增大，霍尔元件的功耗增大，元件的温度升高，从而引起霍尔电动势的温漂增大，因此每种型号的元件均规定了相应的最大激励电流 I_m，它的数值从几毫安至十几毫安。

4. 寄生直流电势 U_{OD}

无外加磁场时，交流控制电流通过霍尔元件而在两霍尔电极间产生的直流电势，称为寄生直流电势。

5. 不等位电势

当霍尔元件通以控制电流 I_H 而不加外磁场时，它的霍尔输出端之间仍有空载电势存在，称为不等位电势。

6. 霍尔电动势温度系数

在一定磁感应强度和控制电流下，温度每变化 1℃ 时，霍尔电动势变化的百分率称为霍尔电动势温度系数。

（四）集成霍尔电路

随着微电子技术的发展，目前霍尔器件多已集成化。霍尔集成电路（又称霍尔 IC）有许多优点，如体积小、灵敏度高、输出幅度大、温漂小、对电源稳定性要求低等。霍尔集成电路可分为线性型和开关型两大类。

线性型霍尔集成电路是将霍尔元件和恒流源、线性差动放大器等做在一个芯片上，输出电压为伏级，比直接使用霍尔元件方便得多。较典型的线性霍尔器件如 UGN3501 等。

开关型霍尔集成电路是将霍尔元件、稳压电路、放大器、施密特触发器、OC 门（集电极开路输出门)等做在同一个芯片上。当外加磁场强度超过规定的工作点时，OC 门由高阻态变为导通状态，输出变为低电平；当外加磁场强度低于释放点时，OC 门重新变为高阻态，输出高电平。这类器件中较典型的有 UGN3020、UGN3022 等。

　　有一些开关型霍尔集成电路内部还包括双稳态电路，这种器件的特点是必须施加相反极性的磁场，电路的输出才能翻转回到高电平，也就是说，具有"锁键"功能。这类器件又称为锁键型霍尔集成电路，如 UGN3075 等。

　　UGN350lT 的外形及内部电路框图如图 2-8 所示，其输出电压与磁场的关系曲线如图 2-9 所示。

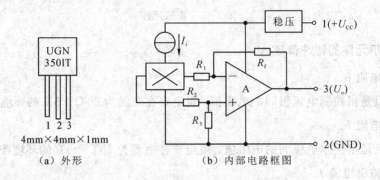

图 2-8　UGN350lT 的外形及内部电路框图

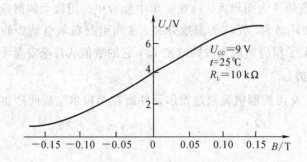

图 2-9　UGN350lT 的输出电压与磁场的关系曲线

　　UGN3020(OC 门)的外形及内部电路框图如图 2-10 所示，其输出电压与磁场的关系曲线如图 2-11 所示，其输出状态与磁感应强度的关系如表 2-1 所示。

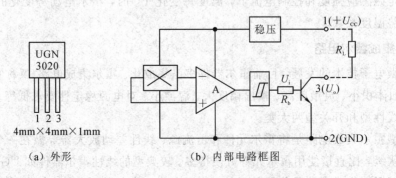

图 2-10　UGN3020 的外形及内部电路框图

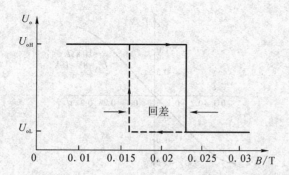

图 2-11 UGN3020 的输出电压与磁场的关系曲线

表 2-1 具有回差特性的 OC 门输出状态与磁感应强度的关系

OC门 输出状态 OC门 接法	磁感应强度的数值及变化方向						
	0 T ↑	0.02 T ↑	0.024 T ↑	0.03 T ↓	0.02 T ↓	0.015 T ↓	0 T
接上拉电阻 R_L	高电平	高电平	低电平	低电平	低电平	高电平	高电平
不接上拉电阻 R_L	高阻态	高阻态	低电平	低电平	低电平	高阻态	高阻态

图 2-12、图 2-13 分别是具有双端差动输出特性的线性霍尔元件 UGN3501M 的外形、内部电路框图及其输出特性曲线。当其感受的磁场为零时，第 1 脚相对于第 8 脚的输出电压等于零；当感受的磁场为正向(磁钢的 S 极对准 UGN3501M 的正面)时，输出为正；磁场为反向时，输出为负，因此使用起来更加方便。它的第 5、6、7 脚外接一只微调电位器后，就可以微调并消除不等位电势引起的差动输出零点漂移。如果要将第 1、8 脚输出电压转换成单端输出，就必须将 1、8 脚接到差动减法放大器的正负输入端上，才能消除第 1、8 脚对地的共模干扰电压影响。

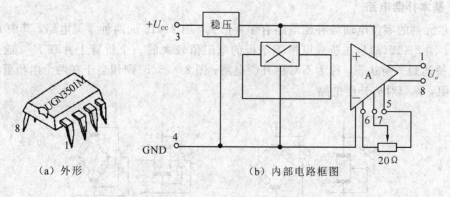

（a）外形　　　　　（b）内部电路框图

图 2-12 UGN3501M 的外形、内部电路框图

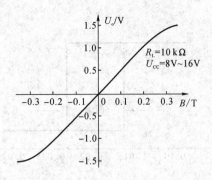

图 2-13 UGN3501M 的输出特性

（五）零位误差与补偿

在分析零位电动势时，可将霍尔元件等效为一个电桥，如图 2-14 所示。控制电极 A、B 和霍尔电极 C、D 可看作电桥的电阻连接点，它们之间的分布电阻 R_1、R_2、R_3、R_4 构成四个桥臂，控制电压可视为电桥的工作电压。理想情况下零位电动势 $U_M=0$，对应于电桥的平衡状态，此时 $R_1=R_2=R_3=R_4$。如果由于霍尔元件的某种结构原因造成 $U_M\neq0$，则电桥就处于不平衡状态，此时 R_1、R_2、R_3、R_4 的阻值有差异，U_M 就是电桥的不平衡输出电压。

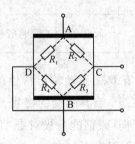

图 2-14 霍尔元件等效为一个电桥

既然产生 U_M 的原因可归结为等效电桥四个桥臂的电阻不相等，那么任何能够使电桥达到平衡的方法都可作为零位电动势的补偿方法。

1. 基本补偿电路

霍尔元件的零位电动势补偿电路有多种形式，图 2-15 为两种常见电路，其中 R_P 是调节电阻。图 2-15(a) 是在造成电桥不平衡的电阻值较大的一个桥臂上并联 R_P，通过调节 R_P 使电桥达到平衡状态，称为不对称补偿电路；图 2-15(b) 则相当于在两个电桥臂上并联调节电阻，称为对称补偿电路。

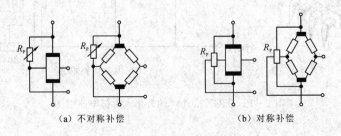

（a）不对称补偿   （b）对称补偿

图 2-15 零位电动势的基本补偿电路

基本补偿电路中没有考虑温度变化的影响。实际上，调节电阻 R_P 与霍尔元件的等效桥臂电阻的温度系数一般都不相同，虽然在某一温度下通过调节 R_P 可使 $U_M=0$，但当温度发生变化时，平衡就被破坏了，这时需重新进行平衡调节。事实上，图 2-15(b)所示电路的温度稳定性比图 2-15(a)电路要好一些。

2. 具有温度补偿的补偿电路

图 2-16 是一种常见的具有温度补偿的零位电动势补偿电路。该补偿电路本身也接成桥式电路，其工作电压由霍尔元件的控制电压提供，其中一个桥臂 R_4 为热敏电阻 R_T，并且 R_T 与霍尔元件的等效电阻的温度特性相同。在该电桥的负载电阻 R_{P2} 上取出电桥的部分输出电压(称为补偿电压)，与霍尔元件的输出电压反向串联。在磁感应强度 B 为零时，调节 R_{P1} 和 R_{P2}，使补偿电压抵消霍尔元件此时输出的非零位电动势，从而使 $B=0$ 时的总输出电压为零。

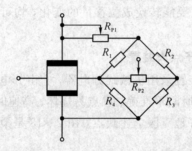

图 2-16　零位电动势桥式补偿电路

在霍尔元件的工作温度下限 t_1 时，热敏电阻的阻值为 R_T。电位器 R_{P2} 保持在某一确定位置，通过调节电位器 R_{P1} 来调节补偿电桥的工作电压，使补偿电压抵消此时的非零位电动势 U_{ML}，此时的补偿电压称为恒定补偿电压。

当工作温度由 t_1 升高到 $t_1+\Delta t$ 时，热敏电阻的阻值为 R_T'。R_{P1} 保持不变，通过调节 R_{P2}，使补偿电压抵消此时的非零位电动势 $U_{ML}+\Delta U_M$，此时的补偿电压实际上包含了两个分量：一个是恒定补偿电压分量，即抵消工作温度为 t_1 时的非零位电动势 U_{ML}；另一个是变化补偿电压分量，即抵消工作温度升高 Δt 时非零位电动势的变化量 ΔU_M。

根据上述讨论可知，采用桥式补偿电路，可以在霍尔元件的整个工作温度范围内对非零位电动势进行良好的补偿，并且对非零位电动势的恒定部分和变化部分的补偿可相互独立地进行调节，所以可达到相当高的补偿精度。

(六) 霍尔传感器的应用

1. 霍尔式压力计

图 2-17 所示为霍尔式压力计，它由两部分组成：一部分是弹性元件，用来感受压力，并把压力转换成位移量；另一部分是霍尔元件与磁路系统。通常把霍尔元件固定在弹性元件上，这样当弹性元件产生位移时，将带动霍尔元件在具有均匀梯度的磁场中运动，从而产生霍尔电动势，完成将压力或压差变换为电量的任务。霍尔式压力计的磁路系统是由两块宽度为 11 mm 的半环形五类磁钢组成的，两端都是由工业纯铁构成极靴，极靴工作端面积为 9 mm×11 mm，气隙宽度为 3 mm，极间间隙为 4.5 mm。霍尔元件采用 HZ-3 型锗，

激励电流为 10 mA，小于额定电流的原因是为了降低元件的温升，其位移量在 ± 1.5 mm 范围内输出的霍尔电动势值约为 ± 20 mV。

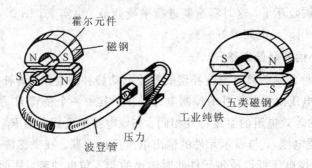

图 2-17　霍尔式压力计

一般来说，任何非电量只要能转换成位移量的变化，均可利用霍尔式位移传感器的原理变换成霍尔电动势。

2. 霍尔式无触点汽车电子点火装置

传统的汽车发动机点火装置采用机械式分电器，它由分电器转轴凸轮来控制合金触点的闭、合，存在易磨损、点火时间不准确、触点易烧坏、高速时动力不足等缺点。采用霍尔式无触点电子点火装置能较好地克服上述缺点，图 2-18 是桑塔纳汽车霍尔式分电器结构及工作原理示意图。

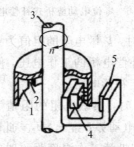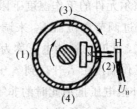

（a）带缺口的触发器叶片　　（b）触发器叶片与永久磁铁及霍尔集成电路之间的安装关系　　（c）叶片位置与点火时的关系

1—触发器叶片；2—槽口；3—分电器转轴；4—永久磁铁；
5—霍尔集成电路（PNP 型霍尔 IC）

图 2-18　桑塔纳汽车霍尔式分电器结构及工作原理示意图

霍尔式无触点电子点火装置安装在分电器壳体中。它由分电器转子（又称触发器叶片，图 2-18(a)所示）、铝镍钴合金永久磁铁、霍尔 IC 及达林顿晶体管功率开关等组成。由导磁性良好的软铁磁材料制作的触发器叶片固定在分电器转轴上，并随之转动。在叶片圆周上按气缸数目开出相应的槽口。叶片在永久磁铁和霍尔 IC 之间的缝隙中旋转，起屏蔽磁场和导通磁场的作用。

当叶片遮挡在霍尔 IC 面前时，永久磁铁产生的磁力线被导磁性良好的叶片分流，无法到达霍尔 IC（这种现象称为磁屏蔽），如图 2-18(b)所示。此时霍尔 IC 的输出 U. 为低电平（PNP 型），由达林顿三极管组成的晶体管功率开关处于导通状态（图中未画出延时触发电路及功率开关的驱动电路），点火线圈低压侧有较大电流通过，并以磁场能量的形式储存在点火线圈的铁芯中。

当叶片槽口转到霍尔IC面前时，磁力线无阻挡地穿过槽口气隙到达霍尔IC，如图2-18(c)所示。霍尔IC的输出U_o跳变为高电平，使达林顿管截止，切断点火线圈的低压侧电流。由于没有续流元件，因此存储在点火线圈铁芯中的磁场能量在高压侧感应出30 kV～50 kV的高电压。

高电压通过分电器中的分火头（与分电器同轴）按汽缸的顺序，使对应的火花塞放电，点燃气缸中的汽油-空气混合气体。叶片旋转一圈，对四汽缸而言，产生四个霍尔输出脉冲，依次点火四次，如图2-19所示。由于点火时刻可以由槽口的位置来准确控制，因此可根据车速准确地产生点火信号（适当地提前一个旋转角度），达到点火的目的。

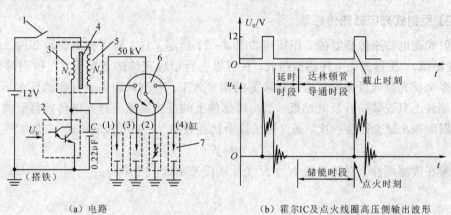

（a）电路　　　　　　　　　　　　（b）霍尔IC及点火线圈高压侧输出波形

1—点火开关；2—达林顿晶体管功率开关；3—点火线圈低压侧；4—点火线圈铁芯；

5—点火线圈高压侧；6—分火头；7—火花塞

图2-19　汽车电子点火电路及波形

三、光电式传感器

光电式传感器是将光信号转换成电信号的光敏器件，它可用于检测直接引起光强变化的非电量，如光强、温度、气体成分等；也可用来检测能转换成光量变化的其他非电量，如表面粗糙度、位移、速度、加速度等。光电式传感器具有响应快、性能可靠、能实现非接触测量等优点，因而在检测和控制领域获得了广泛应用。

光电转速传感器是一种典型的光电式传感器，有直射式和反射式两种。

（一）直射式光电转速传感器

直射式光电转速传感器的结构如图2-20所示。它由开孔调制盘、光源、光电器件及放大整形电路等组成。调制盘的输入轴与被测轴相连接，光源发出的光通过调制盘照射到光电器件上被其接收，将光信号转为电信号输出。调制盘上有许多小孔，调制盘旋转一周，光电器件输出的电脉冲个数等于调制盘的开孔数，因此，可通过测量光电器件输出的脉冲频率得知被测转速，即

$$n = \frac{f}{N} \tag{2-7}$$

式中：n——转速；f——脉冲频率；N——调制盘开孔数。

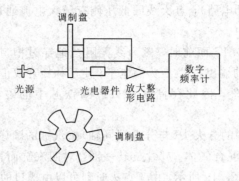

图 2-20　直射式光电转速传感器

(二) 反射式光电转速传感器

反射式光电转速传感器的工作原理如图 2-21 所示。它主要由被测旋转部件、反光片 (或反光贴纸)、反射式光电传感器组成,在可以进行精确定位的情况下,在被测部件上对称安装多个反光片或反光贴纸会取得较好的测量效果。若测试距离近且测试要求不高,可在被测部件上只安装一片反光贴纸,当旋转部件上的反光贴纸通过光电传感器面前时,光电传感器的输出就会跳变一次,通过测出这个跳变频率 f,就可知道转速 n,即

$$n = f \tag{2-8}$$

如果在被测部件上对称安装 N 个反光片或反光贴纸,则有

$$n = \frac{f}{N} \tag{2-9}$$

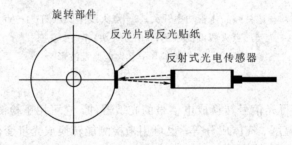

图 2-21　反射式光电转速传感器

┄┄ 技能训练 ┄┄

霍尔传感器的特性测试

(一) 实训目的

(1) 了解霍尔传感器的原理与特性。

(2) 了解霍尔传感器在静态测量中的应用。

(3) 了解交流激励时霍尔传感器的特性。

(4) 了解霍尔传感器在振动测量中的应用。

（二）实训器材

实训所需器材如表 2 - 2 所示。

表 2 - 2　实 训 器 材

序号	器　材	数量	序号	元 器 件	数量
1	霍尔片	1	9	主、辅电源	1
2	磁路系统	1	10	音频振荡器	1
3	电桥	1	11	移相器	1
4	差动放大器	1	12	相敏检波器	1
5	F/V 表	1	13	低通滤波器	1
6	直流稳压电源	1	14	示波器	1
7	测微头	1	15	数字电流表	2
8	振动台	1	16	数字毫伏表	1

（三）实训操作

1. 直流激励时霍尔传感器的特性

实训时需注意以下事项：

（1）差动放大器增益旋钮打到最小，电压表置于 20 V 挡，直流稳压电源置于 2 V 挡，主、副电源关闭。

（2）由于磁路系统的气隙较大，故应使霍尔片尽量靠近极靴，以提高灵敏度。

（3）磁路系统一旦调整好，则在测量过程中不能移动。

（4）激励电压不能过大，以免损坏霍尔片。

实训步骤如下：

（1）根据图 2 - 22 接好电路。

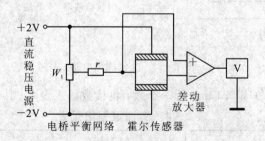

+2V

直流稳压电源

W_1　r

差动放大器

V

−2V

电桥平衡网络　　霍尔传感器

图 2 - 22　直流测试电路

（2）开启主、副电源，将差动放大器调零后，增益置于最小，然后关闭主电源。W_1、r 为电桥单元的直流电桥平衡网络。

（3）装好测微头，调节测微头与振动台吸合并使霍尔片置于半圆磁钢上下正中位置。

（4）开启主、副电源，调整 W_1 使电压表指示为零。

（5）上下旋动测微头，记下电压表的读数，建议每 0.1 mm 读一个数，将读数填入表2-3。

表 2 - 3　实验数据记录表

x/mm									
U_o/V									
x/mm									
U_o/V									

作出 $U_\text{o} - x$ 曲线，指出线性范围，求出灵敏度。

(6) 实训完毕关闭主、副电源，各旋钮置于初始位置。

2. 交流激励时霍尔传感器的特性

实训时需注意以下事项：

(1) 调节音频振荡器输出为 $1\,\text{kHz}$，放大器增益为最大，主、副电源关闭。

(2) 交流激励信号必须从电压输出端(0°或 Lv)输出，幅度应限制在峰-峰值 $5\,\text{V}$ 以下，以免霍尔片产生自热现象。

实训步骤如下：

(1) 开启主、副电源，将差动放大器调零，然后关闭主、副电源。

(2) 调节测微头脱离振动台并远离振动台。按图 2-23 接线，开启主、副电源，将音频振荡器的输出幅度调到 $5\,\text{V}$，差动放大器增益置于最小。利用示波器和 F/V 表调整好 W_1、W_2 及移相器。再转动测微头，使振动台吸合并继续调节测微头使 F/V 表显示零(F/V 表置于 $20\,\text{V}$ 挡)。

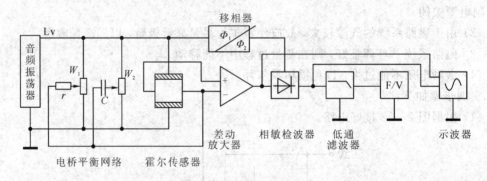

图 2-23　交流测试电路

(3) 旋动测微头，每隔 $0.1\,\text{mm}$ 读一个数，将读数填入表 2-4。

表 2 - 4　实训数据记录表

x/mm									
U_o/V									
x/mm									
U_o/V									

找出线性范围，计算灵敏度。

(四) 实训考核

根据完成实训综合情况,给予考核,考核内容及评分标准见表 2-5。

表 2-5　实训考核表

考核内容			评 分 标 准	小计
(1) 信息收集能力 (10 分)			能根据任务要求收集霍尔传感器的相关资料,不扣分	
			不主动收集资料,扣 4 分	
			不收集资料,扣 10 分	
(2) 项目的原理 (15 分)			叙述霍尔传感器的工作原理准确,不扣分	
			叙述条理不清楚、不准确,每错一处扣 2 分	
(3) 具体操作 (20 分)			接线正确、数据记录完整,不扣分	
			接线正确、数据记录不完整,扣 5 分	
			接线不正确,扣 10 分	
(4) 数据处理 (10 分)			数据处理正确,不扣分	
			数据处理方法正确,但结果不对,扣 5 分	
			数据处理方法不对,扣 10 分	
(5) 汇报表达能力 (10 分)			表达完整,条理清楚,不扣分	
			表达虽不够完整,但条理清楚,扣 4 分	
			表达不完整,条理不清楚,扣 8 分	
(6) 素质	基本素质 (15 分)	考勤(10 分)	出全勤,不迟到,不早退,不扣分	
			不能按时上课,每迟到或早退一次扣 3 分	
		学习态度 (5 分)	学习认真,及时预习复习,不扣分	
			学习不认真,不能按要求完成任务,扣 3 分	
	专业素质 (20 分)	实训报告 (10 分)	按时、完整、正确地完成实训报告,不扣分	
			按时完成实训报告,虽不完整但基本正确,扣 3 分	
			不能按时完成实训报告,不完整、有错误,扣 6 分	
		团结协作意识 (4 分)	能团结同学,互相交流、分工协作完成任务,不扣分	
		安全意识 (6 分)	安全、规范操作,不扣分	
总　成　绩				

任务二　电动机转速检测系统的设计

┌╌╌╌╌╌┐
│ 任务目标 │
└╌╌╌╌╌┘

　　本任务是要完成一个简单的电动机转速检测系统的设计,要求能够用数字显示电动机的转速。通过对本任务的仿真测试和实物的安装与调试,深入了解转速传感器的结构、工作原理,并能根据实际需求选择合适的传感器,掌握测量电路的组成和工作原理。

┌╌╌╌╌╌┐
│ 知识链接 │
└╌╌╌╌╌┘

一、系统总体方案的设计

　　电动机转速检测系统主要由霍尔传感器、光电耦合器、单片机、LCD 显示和声光报警等部分组成,系统结构如图 2-24 所示。

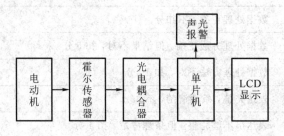

图 2-24 系统结构

二、系统硬件电路的设计

(一)信号采集电路的设计

　　霍尔传感器的选择方案主要有两种。

　　方案一:采用霍尔片。霍尔片可分为贴片型和直插型。由于贴片型不常用,因此选择直插型。选型号为 A3144 的霍尔片作为霍尔测速模块的核心,该霍尔片体积小,安装灵活,可用于测速,且与普通的磁钢片配套使用,价格一般为 2.5 元~3 元。

　　方案二:采用霍尔传感器。选型号为 CHV-25P/10 的霍尔传感器,输出额定值为 5 V(电压输出型)或 25 mA(电流输出型),电源为 12 V~15 V。该传感器体积大,价格一般为 40 元~120 元。

　　从性价比方面综合考虑,决定选择方案一。

　　信号采集电路主要分为两部分。第一部分是利用霍尔元件将电动机转速转化为脉冲信号 DCLOCK,其机械结构如图 2-25 所示,只要在转轴的圆周上粘上一粒磁钢,当霍尔元件靠近磁钢时,就有信号输出,只要转轴旋转,就会不断地产生脉冲信号输出。如果在转轴的圆周上粘上多粒磁钢,就可以实现旋转一周时,获得多个脉冲输出(例如 4 粒磁钢,电动机每转 1 周,就有 4 个脉冲输出)。第二部分是使用 74LS14 反相器对霍尔传感器的输出信号进行整形,再经过光电耦合器送入单片机(如图 2-26 所示),这样就可将传感器输出的信号和单片机的计数电路两部分隔开，减少计数的干扰。

图 2 - 25　霍尔片检测信号

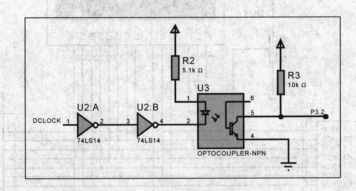

图 2 - 26　转速信号采集电路

（二）单片机外围外路的设计

转速系统采用 AT89C51 单片机，主要是考虑到 51 系列单片机具有以下几方面的优点：① 学生熟悉且价格便宜；② 开发手段便宜；③ 自己动手焊接相对容易。单片机外围电路如图2 - 27所示。

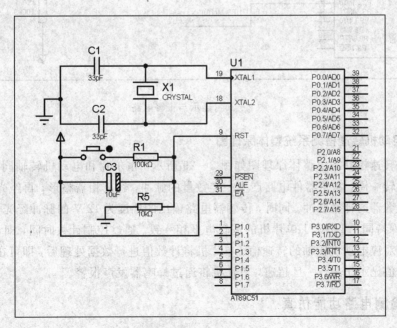

图 2 - 27　单片机外围电路

（三）显示报警电路的设计

显示报警电路有两个功能：在正常情况下，通过 LCD1602 显示当前的频率数值；当电动机转速超过 5000 r/min 后，蜂鸣器报警。电路如图 2 - 28 所示。

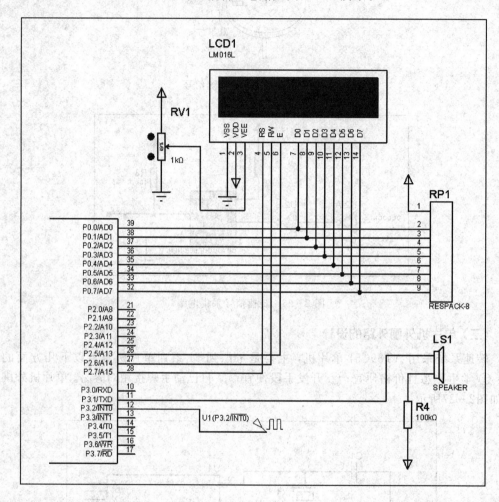

图 2 - 28　显示与报警电路

（四）电动机转速检测系统整体原理图

电动机转速检测系统整体原理图如图 2 - 29 所示，霍尔片和电动机转轴同轴连接，电动机转轴每转一周，霍尔器件电路产生一定数量的脉冲，经反相器整形，再经光电耦合后，成为转速计数器的计数脉冲。同时，传感器电路输出的幅度为 12 V 的脉冲经光电耦合后降为 5 V，以保持同 AT89C51 单片机的逻辑电平相一致。通过控制计数时间，即可实现计数器的计数值对应电动机转轴的转速值。单片机将计数值进行数据处理后，即可在 LCD 上将对应的转速值显示出来。一旦超速，单片机将通过蜂鸣器发声报警。

三、转速检测电路功能仿真

转速检测电路仿真结果如图 2 - 30 所示。

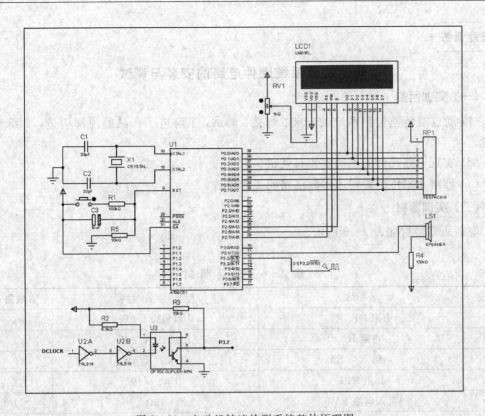

图 2-29　电动机转速检测系统整体原理图

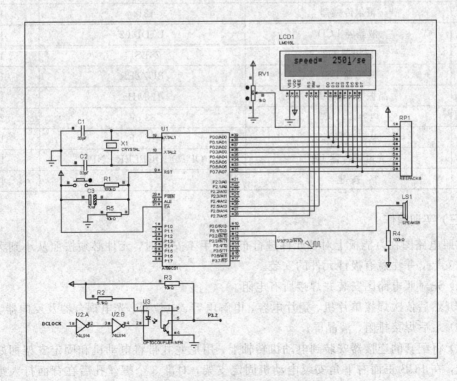

图 2-30　转速检测电路仿真结果图

转速检测系统硬件电路的安装与调试

（一）实训目的

（1）通过对转速检测系统的安装、焊接、调试，了解电子产品的内部构造，训练动手能力。

（2）实现电路元件的正确安装与调试。

（3）理解霍尔传感器转速检测电路的工作原理。

（二）实训器材

实训所需器材如表 2-6 所示。

表 2-6　实训器材

序号	名　称	型号/参数/封装	数量
1	电阻 R1、R4	100 kΩ、1/8W	2
2	电阻 R2	5.1 kΩ、1/8 W	1
3	电阻 R3、R5	10 kΩ、1/8W	2
4	排阻 RP1	2K5、1/8W	1
5	可调电阻 RV1	1kΩ	1
6	主控芯片 U1	AT89C51	1
7	霍尔传感器	A3144	1
8	液晶屏 LCD	LCD1602	1
9	反相器 U2	74LS14	1
10	蜂鸣器 LS1	BUZZER	1
11	晶振 CRYSTAL	12 MHz	1
12	电容 C1、C2	33 pF	2
13	电解电容 C3	10 μF	1
14	光电耦合器 U3	OPTOCOUPLER - NPN	1
15	按键		1

（三）实训操作

对照电路图在万能板上对各元件进行布局。手工安装时，元件必须按照从小到大的规格分批安装，并注意有极性元件的安装。

（1）先对照电路图安装并焊接所有电阻。

（2）然后依次焊接单片机、瓷片电容、电解电容、电位器、光电耦合器及反向器。

（3）最后焊接排阻、液晶屏。

（4）将配套的连接器安装到电动机转轴上，用尼龙扎带将电动机和固定支架捆好并上热熔胶，在 PCB 正面右下角安装电动机固定支架，对准 3 个螺丝孔后在背面打入螺丝固定，然后焊接电动机正负极到 PCB 的 M＋、M－位置。

（四）实训考核

根据完成实训综合情况，给予考核，考核内容及评分标准见表2-7。

表2-7　实训考核表

考核内容	评分标准		小计
（1）转速传感器的工作原理（10分）	叙述传感器的工作原理准确、完善，不扣分		
	叙述条理不清楚、不准确，每错一处扣1分		
（2）转速传感器检测电路原理（10分）	叙述检测电路的工作原理准确、完善，不扣分		
	叙述条理不清楚、不准确，每错一处扣1分		
（3）仪器仪表的使用（10分）	确定和识别一个常用电子元件的好坏，并使用仪器测量电路中一个点的信号	能准确测量信号并判断常见元件的好坏，不扣分	
		不会判断和识别常用电子元件的好坏，扣3分	
		不会使用常见测量仪器，扣3分	
（4）转速传感器的选取（15分）	对不同转速传感器进行检测（10分）	能完成转速传感器的功能检测，不扣分	
		不能完成转速传感器的功能检测，扣5分	
	选型（5分）	能根据实际选择转速传感器，不扣分	
		不能根据实际选择转速传感器，扣5分	
（5）电路安装与调试（15分）	正确安装并调试成功，不扣分		
	不能正确安装，但能找到故障原因，扣3分		
	不能正确安装，也不能找到故障原因，扣15分		
（6）电路布局（10分）	电路布局美观、合理，无跳线和交叉线，不扣分		
	电路布局美观、合理，每处跳线和交叉线扣2分，扣完为止		
	电路布局不美观、不合理，每处跳线和交叉线扣3分，扣完为止		
（7）素质（30分）	基本素质（10分）	考勤（5分）	不迟到，不早退，按时完成任务，不扣分	
			每迟到或早退一次扣4分，扣完为止	
		协作意识（5分）	能与同学积极进行交流、分工协作，不扣分	
	专业素质（20分）	实训报告（10分）	按时完成报告，且整洁、合理、要素齐全，不扣分	
			按时完成报告，虽不够整洁但要素齐全，扣2分	
			不能按时完成，且不够整洁、内容不齐全，扣6分	
		安全操作（10分）	安全、规范操作，无元件损坏，不扣分	
			元件损坏，每个扣2分，扣完为止	
总　成　绩			

项 目 小 结

通过本项目的学习，掌握如下知识重点：
（1）常用转速检测传感器的组成、结构等基本特性。
（2）常用转速检测传感器的工作原理。
（3）常用转速检测传感器测量电路的特点以及电路补偿原理。
通过本项目的学习，掌握如下实践技能：
（1）能正确分析、制作与调试转速检测传感器应用电路。
（2）掌握转速检测传感器的工作原理，学会选型。

思 考 与 练 习

1．简述磁电式传感器的工作原理。
2．什么是霍尔效应？霍尔电压与哪些因素有关？制作霍尔元件应采用什么材料？
3．霍尔片不等位电势是如何产生的？减小不等位电势可以采用哪些方法？
4．为什么霍尔元件要进行温度补偿？主要有哪些补偿方法？补偿的原理是什么？

项目三　气敏传感器在酒精测试仪中的应用

项目分析

为确保交通安全，目前绝大多数国家都采用呼气酒精浓度检测仪对驾驶员进行现场检测，以快速确定驾驶员体内酒精的含量是否超标。本项目就是设计一个酒精浓度检测仪。

本项目需要完成以下任务：

(1) 气敏传感器的选择。

(2) 酒精报警电路的设计与分析。

知识目标

(1) 掌握气敏和湿敏传感器的种类。

(2) 掌握气敏传感器的工作原理和应用条件。

能力目标

(1)了解气敏传感器的典型应用。

(2)构建酒精浓度检测电路并可成功进行安装调试。

任务一　　气敏传感器的选择

任务目标

本任务通过学习各类气敏传感器的检测原理和特性测试方法，培养学生传感器选型的能力。

知识链接

一、气敏传感器

气敏传感器可以识别气体的种类，测量气体的量，多用于检测气体中所含某种特定气体的成分，如图 3-1 所示。

（a）氨气传感器　　（b）酒精传感器　　（c）甲烷传感器

图 3-1　气敏传感器实物图

（一）工作原理

半导体气敏器件被加热到稳定状态下，当气体接触器件表面而被吸附时，吸附分子首先在器件表面上自由地扩散（物理吸附），失去其运动能量，其间的一部分分子蒸发，残留分子产生热分解而固定在吸附处（化学吸附）。这时，如果器件的功函数（把一个电子从固体内部刚刚移到此表面所需的最少能量）小于吸附分子的电子亲和力，则吸附分子将从器件夺取电子而变成负离子吸附。具有负离子吸附倾向的气体有 O_2 和氮氧化物，称为氧化性气体或电子接收型气体。如果器件的功函数大于吸附分子的离解能，则吸附分子将向器件释放出电子，而成为正离子吸附。具有这种正离子吸附倾向的气体有 H_2、CO、碳氢化合物和酒类等，称为还原性气体或电子供给型气体。

当氧化性气体吸附到 N 型半导体上，还原性气体吸附到 P 型半导体上时，将使半导体中的载流子减少，从而使半导体气敏器件的电阻增大。相反，当还原性气体吸附到 N 型半导体上，氧化性气体吸附到 P 型半导体上时，将使半导体中的载流子增多，从而使半导体气敏器件的电阻下降。

人们发现某些氧化物半导体材料，如 SnO_2、ZnO、Fe_2O_3、MgO、NiO、$BaTiO_3$ 等，都具有气敏效应。

（二）结构和分类

半导体气敏传感器一般由敏感元件、加热器和外壳三部分组成，可以从不同角度对其进行分类。

1. 按制造工艺来分类

按半导体气敏器件的制造工艺来分，有烧结型、薄膜型和厚膜型三种。

1）烧结型

图 3-2(a)所示为烧结型气敏器件，它是以氧化物半导体（如 SnO_2）材料为基体，将铂电极和加热器埋入金属氧化物中，经加热或加压成形后，再用低温（700℃～900℃）制陶工艺烧结制成，因此也被称为半导体陶瓷。

优点：制作方法简单，器件寿命较长。

缺点：由于烧结不充分，故器件的机械强度较差，且所用电极材料较贵重，此外，其电特性误差较大，所以其应用受到一定限制。

2）薄膜型

图 3-2(b)所示为薄膜型气敏器件，它是采用蒸发或溅射方法，在石英基片上形成氧

化物半导体薄膜(厚度在 100 nm 以下)。

优点:制作方法简单。

缺点:由于这种薄膜是物理性附着,因此器件间性能差异较大。

3)厚膜型

图 3-2(c)所示为厚膜型器件,它是将氧化物半导体材料与硅凝胶混合,制成能印刷的厚膜胶,再把厚膜胶印刷到装有电极的绝缘基片上,经烧结制成。

优点:这种工艺制成的器件机械强度高,其特性也相当一致,适合大批量生产。这些器件全部附有加热器,一般加热到 200℃~400℃,其作用是使附着在探测部分处的油雾、尘埃等被烧掉,加速气体的吸附,从而提高器件的灵敏度和响应速度。

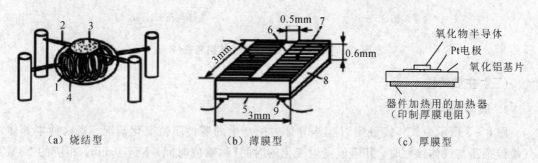

（a）烧结型　　　　　（b）薄膜型　　　　　（c）厚膜型

1、5—加热器;2、7、9—电极;3—烧结体;4—玻璃;6—半导体;8—绝缘体

图 3-2　气敏器件的结构

2. 按加热方式来分类

按加热方式不同,气敏器件可分为直热式和旁热式两种。

1)直热式

直热式气敏器件的结构和符号如图 3-3 所示,器件管芯由 SnO_2、ZnO 等基体材料和加热丝、测量丝三部分组成,加热丝和测量丝都直接埋在基体材料内,工作时加热丝通电,测量丝用于测量器件阻值。

优点:制造工艺简单,成本低,功耗小,可以在高电压回路下使用。

缺点:热容量小,易受环境气流的影响,测量回路与加热回路之间没有隔离,相互影响。

（a）结构　　　　　　　　　（b）符号

1、2—加热电极;3、4—测量电极

图 3-3　直热式气敏器件的结构和符号

2)旁热式

旁热式气敏器件的结构和符号如图 3-4 所示,其管芯增加了一个绝缘瓷管,管内放加

热丝,管外涂梳状金电极作测量极,在金电极外涂 SnO_2 等材料。

这种结构的器件克服了直热式器件的缺点,其测量极与加热丝分离,加热丝不与气敏材料接触,避免了测量回路与加热回路之间的相互影响,器件热容量大,降低了环境对器件加热温度的影响,所以这类器件的稳定性、可靠性都较直热式器件有所改进。

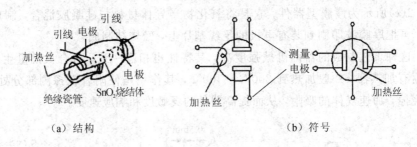

（a）结构　　　　　　　　　　　　　　　　（b）符号

图 3-4　旁热式气敏器件的结构和符号

（三）主要特性

1. 吸附性

图 3-5 所示为气体接触到 N 型半导体时所产生的器件阻值变化情况。当这种半导体气敏传感器与气体接触时,其阻值发生变化的时间(称响应时间)不到 1 min。相应的 N 型材料有 SnO_2、ZnO、TiO_2、W_2O_3 等,P 型材料有 MoO_2、CrO_3 等。在空气中由于氧气的成分大体上是恒定的,因而氧气的吸附量也是恒定的,气敏器件的阻值大致保持不变。如果被测气体流入这种气氛中,器件表面将产生吸附作用,气敏器件的阻值将随气体浓度而变化,从浓度与电阻值的变化关系即可得知气体的浓度。

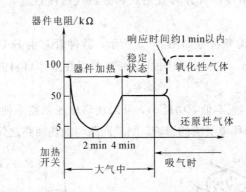

图 3-5　N 型半导体吸附气体时器件阻值的变化

2. 灵敏度特性

图 3-6 所示为 SnO_2 气敏器件的灵敏度特性,它表示不同气体浓度下气敏器件的电阻值。实验证明 SnO_2 中的添加物对其气敏效应有明显影响,如添加 Pt(铂)或 Pd(钯)可以提高其灵敏度和对气体的选择性。添加剂的成分和含量不同、器件的烧结温度和工作温度不同,都可以产生不同的气敏效应。例如在同一温度下,含 1.5%(重量)Pd 的气敏器件对 CO 最灵敏,而含 0.2%(重量)Pd 的气敏器件对 CH_4 最灵敏;又如同一 Pt 含量的气敏器件,在 200℃ 以下,对 CO 最灵敏,而在 400℃ 以上检测 CH_4 最佳。

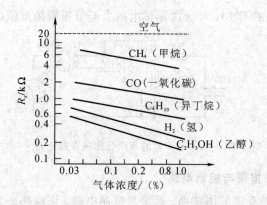

图 3 - 6　SnO₂ 气敏器件的灵敏度特性

3. 温湿度特性

SnO₂ 气敏器件易受环境温度和湿度的影响，其电阻-温湿度特性如图 3 - 7 所示，图中 RH 为相对湿度。所以，气敏器件在使用时，通常需要加温湿度补偿，以提高仪器的检测精度和可靠性。

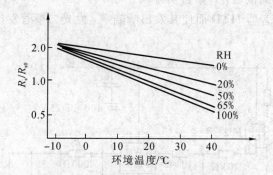

图 3 - 7　SnO₂ 气敏器件电阻-温湿度特性

4. 初期恢复特性

除上述特性外，SnO₂ 气敏器件在不通电状态下存放一段时间后，再使用之前必须经过一段电老化时间，因在这段时间内，器件阻值要发生突然变化，而后才趋于稳定。经过长时间存放的器件，在标定之前，一般需 1～2 周的老化时间。

（四）气敏传感器的应用

各类易燃、易爆、有毒、有害气体的检测和报警都可以用相应的气敏传感器及其相关电路来实现，如气体成分检测仪、气体报警器、空气净化器等已用于工厂、矿山、家庭、娱乐场所等。下面给出几个典型实例。

1. 简易家用气体报警器

图 3 - 8 所示是一种最简单的家用气体报警器电路，采用直热式气敏传感器 TGS109，当室内可燃性气体浓度增加时，气敏器件接触到可燃性气体而使电阻值降低，这样流经测试回路的电流增加，可直接驱动蜂鸣器 BZ 报警。对于丙烷、丁烷、甲烷等气体，报警浓度

一般选定在其爆炸下限的 1/10，可通过调整电阻来调节报警浓度值。

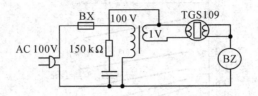

图 3-8　最简单的家用气体报警器电路

2. 有害气体鉴别、报警与控制电路

图 3-9 所示是一种有害气体鉴别、报警与控制电路。该电路一方面可鉴别实验中有无有害气体产生，鉴别液体是否有挥发性；另一方面可自动控制排风扇排气，使室内空气清新。MQS2B 是旁热式气敏传感器，无有害气体时阻值较高（10 kΩ 左右），有害气体或烟雾进入时阻值急剧下降，A、B 两端电压下降，使得 B 点的电压升高，经电阻 R_1、R_P 分压和 R_2 限流加到开关集成电路 TWH8778 的选通脚 5，当脚 5 电压达到预定值时（调节可调电阻 R_P 可改变脚 5 的电压预定值），1、2 两脚导通，+12 V 电压加到继电器上使其通电，触点 K_{1-1} 吸合，排风扇电源接通，开始自动排风。同时脚 2 的 +12 V 电压经 R_4 限流和稳压二极管 V_Z 稳压后供给微音器 HTD 而使其发出嘀嘀声，发光二极管发出红光，实现声光报警的功能。

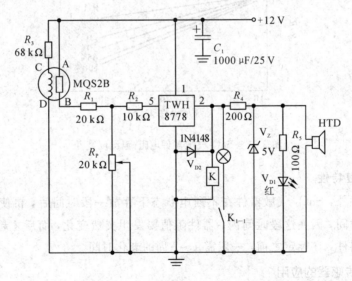

图 3-9　有害气体鉴别、报警与控制电路

3. 防止酒后开车控制器

图 3-10 所示是防止酒后开车控制器原理图，图中 QM-J_1 为气敏传感器。

若司机没喝酒，则在驾驶室内合上开关 S 时，气敏器件的阻值很高，U_1 为高电平，U_2 为低电平，U_3 为高电平，继电器 K_2 线圈失电，其 K_{2-2} 常闭触点闭合，发光二极管 V_{D1} 导通，发出绿光，可以点火启动发动机。

若司机酗酒，则气敏器件的阻值急剧下降，使 U_1 为低电平，U_2 为高电平，U_3 为低电平，继电器 K_2 线圈通电，K_{2-2} 常开触点闭合，发光二极管 V_{D2} 导通，发出红光，以示警告，同时常闭触点 K_{2-1} 断开，无法启动发动机。

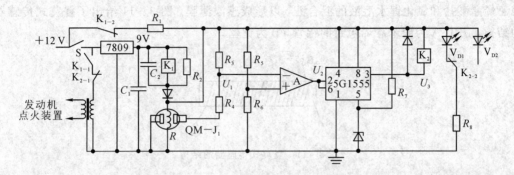

图 3-10　防止酒后开车控制器原理图

若司机拔出气敏器件，则继电器 K_1 线圈失电，其常开触点 K_{1-1} 断开，仍然无法启动发动机。常闭触点 K_{1-2} 的作用是长期加热气敏器件，保证此控制器处于准备工作的状态。5G1555 为集成定时器。

二、湿敏传感器

（一）湿度的表示

所谓湿度，是指大气中所含的水蒸气量。湿度有两种最常用的表示方法，即绝对湿度和相对湿度。

绝对湿度是指一定大小空间中水蒸气的绝对含量，可用"kg/m³"表示，也称水汽浓度或水汽密度。绝对湿度也可用水的蒸汽压来表示。设空气的水汽密度为 ρ_v，与之相应的水蒸气分压为 p_v，根据理想气体状态方程，可以得出其关系式为

$$\rho_v = \frac{p_v m}{RT} \tag{3-1}$$

式中：m 为水汽的摩尔质量；R 为摩尔气体普适常数；T 为绝对温度。

在实际生活中，许多现象与湿度有关，如水分蒸发的快慢。然而，湿度除了与空气中水汽分压有关外，更主要的是和水汽分压与饱和蒸汽压的比值有关。因此有必要引入相对湿度的概念。

相对湿度为某一被测蒸汽压与相同温度下的饱和蒸汽压的比值的百分数，常用%RH 表示。这是一个无量纲的值。

显然，绝对湿度给出了水分在空间的具体含量，而相对湿度则给出了大气的潮湿程度，故使用更广泛。

人们很早就发现了人的头发随大气湿度的变化而伸长或缩短的现象，因而制成了毛发湿度计。这类早期湿度计的响应速度、灵敏度、准确性等指标都不高。

（二）分类和工作机理

1. 氯化锂湿敏传感器

氯化锂湿敏传感器是利用吸湿性盐类潮解使离子导电率发生变化而制成的测湿元件。

典型的氯化锂湿敏传感器有登莫(Dunmore)式和浸渍式两种。登莫式传感器是在聚苯乙烯圆管上做出两条相互平行的钯引线作为电极,在该聚苯乙烯管上涂覆一层经过碱化处理的聚乙烯醋酸盐和氯化锂水溶液的混合液,以形成感湿薄膜。图3-11给出了登莫式传感器的结构,图中A为聚苯乙烯包封的铝管,B为钯丝。

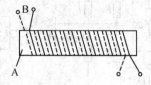

图 3-11　登莫式传感器的结构

浸渍式传感器是在基本材料上直接浸渍氯化锂溶液制成的。这类传感器的浸渍基片材料为天然树皮。这种方式与图3-11登莫式传感器结构不同,它部分地避免了高温度下所产生的误差。由于采用了表面积大的基片材料,并直接在基片上浸渍氯化锂溶液,因此这种传感器具有小型化的特点,适用于微小空间的湿度检测。浸渍式传感器的结构如图3-12所示。

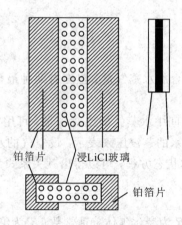

图 3-12　浸渍式传感器的结构

氯化锂是典型的离子晶体,其湿敏机理可作如下解释:在高浓度的氯化锂溶液中,Li和Cl仍以正、负离子的形式存在,而溶液中离子的导电能力与溶液的浓度有关。实践证明,溶液的当量电导随着溶液的增加而下降。当溶液置于一定温度的环境中时,若环境的相对湿度高,则溶液将因吸收水分而使浓度降低;反之,环境的相对湿度低,则溶液的浓度就高。因此,氯化锂湿敏电阻的阻值将随环境相对湿度的改变而变化,从而实现了湿度的测量。

2. 半导瓷湿敏传感器

制作半导瓷湿敏传感器的材料主要是不同类型的金属氧化物。图3-13所示是几种典型的金属氧化物半导瓷的湿敏特性,由于它们的电阻率随湿度的增加而下降,故称为负特性湿敏半导瓷。还有一种材料(如Fe_3O_4半导瓷)的电阻率随着湿度的增加而增大,称为正特性湿敏半导瓷,如图3-14所示。

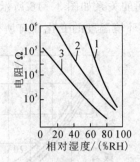

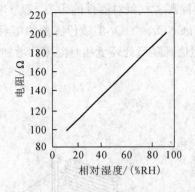

1—ZnO - LiO$_2$ - V$_2$O$_5$ 系；2—Si - Na$_2$O - V$_2$O$_5$ 系；
3—TiO$_2$ - MgO - Cr$_2$O$_3$ 系

图 3 - 13　几种负特性的湿敏半导瓷

图 3 - 14　Fe$_3$O$_4$ 正特性湿敏半导瓷

1）负特性湿敏半导瓷的工作机理

由于水分子中的氢原子具有很强的正电场，当水在半导瓷表面吸附时，就有可能从半导瓷表面俘获电子，使半导瓷表面带负电。如果该半导瓷是 P 型半导体，则由于水分子吸附使表面电动势下降，将吸引更多的空穴到达其表面，于是，其表面层的电阻下降。若该半导瓷为 N 型半导体，则由于水分子的附着使表面电动势下降，如果表面电动势下降较多，则不仅使表面层的电子耗尽，而且会吸引更多的空穴达到表面层，有可能使到达表面层的空穴浓度大于电子浓度，出现所谓表面反型层，这些空穴称为反型载流子。它们同样可以在表面迁移而表现出电导特性。因此，由于水分子的吸附，使 N 型半导瓷材料的表面电阻下降。由此可见，不论是 N 型还是 P 型半导瓷，其电阻率都随湿度的增加而下降。

2）正特性湿敏半导瓷的工作机理

正特性材料的结构、电子能量状态与负特性材料有所不同。当水分子附着在半导瓷的表面使电动势变负时，导致其表面层电子浓度下降，但这还不足以使表面层的空穴浓度增加到出现反型程度，此时仍以电子导电为主。于是，表面电阻将由于电子浓度下降而加大，这类半导瓷材料的表面电阻将随湿度的增加而加大。如果对于某一种半导瓷，它的晶粒间的电阻并不比晶粒内电阻大很多，那么表面层电阻的加大对总电阻并不起多大作用。不过，通常湿敏半导瓷材料都是多孔的，表面电导占比例很大，故表面层电阻的升高必将引起总电阻值的明显升高。但是由于晶体内部低阻支路仍然存在，正特性半导瓷的总电阻值的升高没有负特性材料的阻值下降那么明显。从图 3 - 13 和图 3 - 14 可以看出，当相对湿度从 0%RH 变化到 100%RH 时，负特性材料的阻值均下降 3 个数量级，而正特性材料的阻值只增大了约 1 倍。

3. 典型半导瓷湿敏传感器

1）MgCr$_2$O$_4$ - TiO$_2$ 湿敏传感器

氧化镁复合氧化物-二氧化钛湿敏材料通常制成多孔陶瓷型"湿-电"转换器件，它是负特性半导瓷，MgCr$_2$O$_4$ 为 P 型半导体，它的电阻率低，电阻-湿度特性好，其结构如图 3 - 15 所示，在 MgCr$_2$O$_4$ - TiO$_2$ 陶瓷片的两面涂覆有多孔金电极，金电极与引出线烧结在一起。为了减少测量误差，在陶瓷片外设置由镍铬丝制成的加热线圈，以便对器件加热清洗，排除恶劣气氛对器件的污染。整个器件安装在陶瓷基片上，电极引线一般采用铂-铱合金。$MgCr_2O_4 - TiO_2$ 湿敏传感器的相对湿度与电阻值之间的关系如图 3 - 16 所示。传感器的电阻值既随所处环境相对湿度的增加而减小，又随周围环境温度的变化而有所变化。

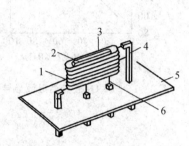

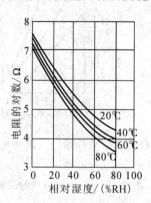

1—加热线圈；2—湿敏陶瓷片；3—电极；

4—引线圈电极；5—底板；6—引线

图 3 - 15 $MgCr_2O_4 - TiO_2$ 湿敏传感器的结构

图 3 - 16 $MgCr_2O_4 - TiO_2$ 湿敏传感器的相对湿度与电阻值之间的关系

2）$ZnO - Cr_2O_3$ 湿敏传感器

$ZnO - Cr_2O_3$ 湿敏传感器的结构是将多孔材料的金电极烧结在多孔陶瓷圆片的两表面上，并焊上铂引线，然后将敏感元件装入有网眼过滤的方形塑料盒中，用树脂固定，其结构如图 3 - 17 所示。$ZnO - Cr_2O_3$ 传感器能连续稳定地测量湿度，而无需加热除污装置，其功耗低于 0.5 W，体积小、成本低，是一种常用的测湿传感器。

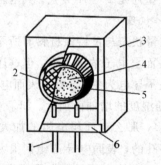

1—引线；2—滤网；3—外壳；4—烧结元件；

5—电极；6—树脂固封

图 3 - 17 $ZnO - Cr_2O_3$ 湿敏传感器的结构

（三）湿敏传感器的应用

1. 湿度检测器

图 3 - 18 所示是湿度检测器的电路，由 555 时基电路、湿度传感器 C_H 等组成多谐振荡器，在振荡器的输出端接有电容器 C_2，它将多谐振荡器输出的方波信号变为三角波。当相对湿度变化时，湿度传感器 C_H 的电容量将随着改变，从而使多谐振荡器输出的频率及三角波的幅度都发生相应的变化，输出信号经 V_{D1}、V_{D2} 整流和 C_4 滤波后，可从电压表上

直接读出与相对湿度对应的数值来。R_P 电位器用于仪器的调零。

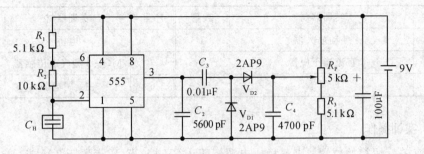

图 3-18　湿度检测器的电路

2. 高湿度显示器

高湿度显示器能在环境相对湿度过高时作出显示，告知人们应当采取排湿措施了。湿度传感器采用 MS01-A 型湿敏电阻，当环境的相对湿度在(20%～90%)RH 变化时，它的电阻值在几十千欧到几百欧范围内改变。为防止湿敏电阻产生极化现象，如图 3-19 所示，采用变压器降压以供给检测电路 9 V 交流电压，湿敏电阻 R_H 和电阻 R_1 串联后接在变压器的两端。当环境湿度增大时，R_H 阻值减小，电阻 R_1 两端电压会随之升高，这个电压经 V_{D1} 整流后加到由 V_{T1} 和 V_{T2} 组成的施密特电路(施密特触发器属于电平触发，输入信号增加和减少时，电路有不同的阈值电压)中，使 V_{T1} 导通，V_{T2} 截止，V_{T3} 随之导通，发光二极管 V_{D4} 发光。高湿度显示电路可应用于蔬菜大棚、粮棉仓库、花卉温室、医院等对湿度要求比较严格的场合。

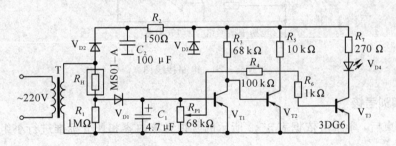

图 3-19　高湿度显示器

╔══ 技能训练 ══╗

气敏传感器的功能测试

(一) 实训目的

(1) 了解气敏传感器的工作原理及特性。

(2) 学习气敏传感器的应用。

(二) 实训器材

本实训项目使用的器材如表 3-1 所示。

表 3 - 1 实 训 器 材

序号	实训器材	数量	序号	实训器材	数量
1	差动放大器	1	4	电桥	1
2	直流稳压电源	1	5	MQ-3型气敏传感器	1
3	F/V表	1	6	主、副电源	若干

(三) 实训操作

(1) 有关旋钮初始位置：直流稳压电源置于±4 V挡，F/V表置于2 V挡，差动放大器增益置于最小，电桥单元中的W1逆时针旋到底，主、副电源关闭。

(2) 按图3-20接线。

(3) 开启主、副电源，预热约5分钟后，用浸有酒精的棉球靠近传感器，然后轻轻吹气使酒精挥发并浸入传感器金属网内，同时观察电压表的数值变化，此时电压读数反映了传感器两输出端间的电阻是否随之发生了变化，以此检测酒精浓度。如果电压表变化不够明显，可适当调大差动放大器增益。

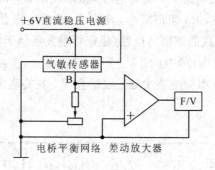

图 3-20 电路接线图

(四) 实训考核

实训结束后，学生可依据表3-2所示的实训考核内容和评分标准进行小组自评、互评并打分。

表 3 - 2 实 训 考 核 表

考核内容	评 分 标 准	小计
(1) 信息收集能力 (10分)	能根据任务要求收集气敏传感器的相关资料，不扣分	
	不主动收集资料，扣4分	
	不收集资料，扣10分	
(2) 项目的原理 (15分)	叙述气敏传感器测量气体浓度的工作原理准确，不扣分	
	叙述条理不清楚、不准确，每错一处扣2分	
(3) 具体操作 (20分)	接线正确、数据记录完整，不扣分	
	接线正确、数据记录不完整，扣5分	
	接线不正确，扣10分	

考核内容			评 分 标 准	小计
(4) 数据处理 (10分)			数据处理正确，不扣分	
			数据处理方法正确，但结果不对，扣5分	
			数据处理方法不对，扣10分	
(5) 汇报表达能力 (10分)			表达完整，条理清楚，不扣分	
			表达虽不够完整，但条理清楚，扣4分	
			表达不完整，条理不清楚，扣8分	
(6) 素质 (35分)	基本 素质 (15分)	考勤(10分)	出全勤，不迟到，不早退，不扣分	
			不能按时上课，每迟到或早退一次扣3分	
		学习态度 (5分)	学习认真，及时预习复习，不扣分	
			学习不认真，不能按要求完成任务，扣3分	
	专业 素质 (20分)	实训报告 (10分)	按时、完整、正确地完成实训报告，不扣分	
			按时完成实训报告，虽不完整但正确，扣3分	
			不能按时完成实训报告，不完整、有错误，扣6分	
		团结协作 意识(4分)	能团结同学，互相交流、分工协作完成任务，不扣分	
		安全意识 (6分)	安全、规范操作，不扣分	
总　成　绩				

任务二　酒精报警电路的设计与分析

任务目标

(1) 掌握气敏传感器的特点和工作原理。

(2) 掌握气敏传感器的测量电路。

(3) 能够选用气敏传感器进行电路的设计。

知识链接

MQ-3型酒精传感器的特点是对乙醇蒸气有很高的灵敏度、良好的选择性和快速的响应恢复特性。该传感器寿命长，稳定性高，只需简单的驱动回路即可工作，常用于对驾驶人员及其他严禁酒后工作的现场进行检测，也可用于其他场所乙醇浓度的检测。

一、酒精传感器的工作原理

为了将要测量的呼气中的酒精浓度转换为血液中的酒精含量浓度，需要采用气敏传感器。考虑到空气中的气体成分可能影响传感器测量的准确性，所以传感器只能对酒精气体敏感，对其他气体不敏感，故选用 MQ-3 型气敏传感器。MQ-3 型气敏传感器的实物外观如图 3-21 所示。

图 3-21　MQ-3 实物图

MQ-3 型气敏传感器的结构和使用接线如图 3-22 所示，其中图(a)是引脚排列图，图(b)是引脚功能图，图(c)是使用接线图。图中的 H-H 表示加热极(5 V)，A-A、B-B 传感器表示敏感元件的两个极。

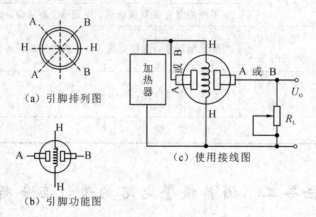

（a）引脚排列图

（b）引脚功能图

（c）使用接线图

图 3-22　MQ-3 型气敏传感器的结构和使用接线图

MQ-3 型气敏传感器的敏感元件由陶瓷管、二氧化硅敏感层、测量电极和加热器构成，敏感元件固定在塑料或不锈钢的腔体内，加热器为气敏元件提供必要的工作条件。在工作时，传感器的加热电压选取交流或直流 5 V 均可，当其受热后，环境中含酒精的气体浓度迅速增大，传感器的内阻值将会迅速降低，利用该特性并结合电路分析可知，U_o 将逐渐增大，当其超过设定的阈值时，可使后面的电路执行相应的操作。

二、酒精报警电路原理图设计

系统选用 PIC16F873A 为控制核心，如图 3-23 所示，系统由 MQ-3 型气敏传感器电路、LED 显示电路、声光报警电路和键盘控制等组成。

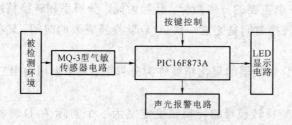

图 3-23　系统总体设计框图

（一）传感器电路

传感器通过采集被测人员呼出的气体，实现对酒精浓度的检测。传感器电路如图 3-24 所示。

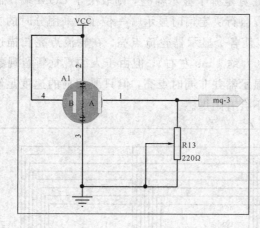

图 3-24　传感器电路

（二）A/D 转换电路

A/D 转换电路的作用是将传感器电路输出的模拟信号转换为适合单片机处理的数字信号。本设计采用 Microchip 公司的 PIC16F87X 系列单片机中的 PIC16F873A 作为控制芯片，该单片机自带 10 位 A/D 转换模块，从而可以简化本单片机的外围电路。

PIC16F873A 内部的 A/D 转换模块由 5 路模拟量输入多路开关、10 位线性的逐次逼近型 A/D 转换器构成，参考电压和模拟电路电源通过相应引脚输入。本系统中，A/D 转换模块的参考电压引脚 V_{ref+} 和 V_{ref-} 分别接模拟电源和模拟地，模拟信号输入范围为 0 V～+5 V。

逐次逼近型 ADC 是由采样/保持电路、电压比较器、逐次逼近寄存器、数/模转换器和锁存器等部分组成的。图 3-25 所示为 ADC 结构示意图。

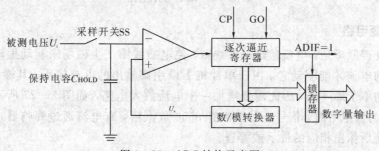

图 3-25　ADC 结构示意图

A/D 转换器有三个主要的技术指标：转换时间、分辨率和转换精度。

（1）转换时间。转换时间是完成一次 A/D 转换所需要的时间，转换时间的倒数即为转换速率。

（2）分辨率。A/D 转换器的量化精度称为分辨率，习惯上用输出二进制位数或 BCD 码表示。

（3）转换精度。A/D 转换器的转换精度定义为一个实际 A/D 转换器在量化值上的差值，可用绝对误差或相对误差表示。

（三）LED 显示电路

LED 显示电路如图 3-26 所示。在 CPU 向字段的输出口送字形码时，所有显示器接收到相同的字形码，但究竟是哪个显示器亮，则取决于 COM 端，而这一端是由 I/O 控制的，因此就可以通过编程自行决定何时显示哪一位了。采用分时的方法，轮流控制各个显示器的 COM 端，就可以使各个显示器轮流点亮。在轮流点亮扫描过程中，每个显示器的点亮时间是非常短暂的（大约 1 ms 左右），但由于人的观觉暂留现象及发光二极管的余辉效应，尽管实际上各位显示器并非同时点亮，但只要扫描的速度足够快，给人的印象就是一组稳定的显示数据，不会有闪烁感。

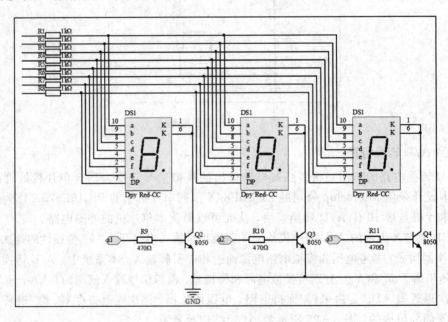

图 3-26　LED 显示电路

（四）报警电路

蜂鸣器发声原理是：电流通过电磁线圈，使电磁线圈产生磁场来驱动振动膜发声，因此需要一定的电流才能驱动它。由于单片机 I/O 引脚输出的电流较小，其输出的 TTL 电平基本上驱动不了蜂鸣器，因此需要增加一个电流放大电路，如图 3-27 所示。系统控制输出端 beep 为低电平时，信号经过三极管 8550 放大后，有电流通过蜂鸣器，驱动蜂鸣器发出声音报警后作出相应的提示或警告。

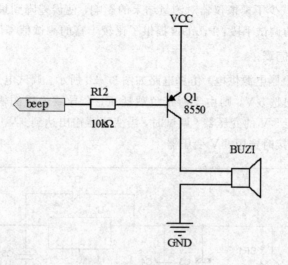

图 3-27 报警电路

三、酒精报警电路功能仿真

为了验证电路原理图的功能，采用软件模拟仿真的方法进行测试。在用 Protues 软件对总体电路图绘制完成后，首先利用 Keil 软件对程序进行编译，在确定程序无误的情况下，将生成的 hex 文件拷入单片机即能对整个电路图实施仿真。

Proteus 是英国 Labcenter Electronics 公司推出的一种 EDA 工具软件。它不但具有其他 EDA 工具软件的仿真功能，还能仿真单片机及其外围器件，是目前较好的对单片机进行仿真的工具。

Proteus 的功能特点如下：

（1）对原理图进行布图。

（2）对 PCB 板进行自动或人工布线。

（3）对 SPICE 电路进行仿真。

（4）进行互动地电路仿真。用户可以实时采用如 LED/LCD、键盘、RS-232 终端等动态外设模型来对设计进行交互仿真。

（5）仿真处理器及其外围电路。可以仿真 C51 系列、AVR、PIC 等常用的一些单片机。还可以直接在所画原理图的模拟原型上编程，再加上显示及输出，能看到运行后的输入以及输出的效果。

Protues 具有的丰富资源如下：

（1）能够提供的仿真元器件资源：上千种数字和模拟元器件，有 30 多个元器件库。

（2）能够提供的仿真仪表资源：示波器、虚拟终端、逻辑分析仪、I^2C 调试器、SPI 调试器、信号发生器、模式发生器、交直流电流表、交直流电压表。在理论上同一种仪器可以在一个电路中随意调用，比较方便省时。

（3）能够提供除了现实存在的仪器外的图形显示功能，可以将线路上变化的信号以图形的方式实时地显示出来，其作用与示波器相似，但功能更多，可以通过仿真来观察。这些模拟的仪器仪表具有理想的参数指标，例如有比较高的输入阻抗、比较低的输出阻抗。

这些功能都尽可能减少了模拟仪器对测量结果的影响，使误差降到最小。

（4）能够提供的调试手段：Proteus 提供了比较丰富的测试信号用于对电路进行测试。

（一）电源电路仿真

电路需要 5 V 稳压电源供电，仿真电路如图 3-28 所示。调试电路时，虽然需要 5 V 电压，但若变压器输出选 5 V，则由于所带负载耗压，会导致最后的输出有一定的压降，所以，需选择输出大于 5 V 的变压器。调试时，当变压器输出达到 9 V 时，电源输出才能达到 5 V，所以在实际焊接时选用 9 V 变压器。

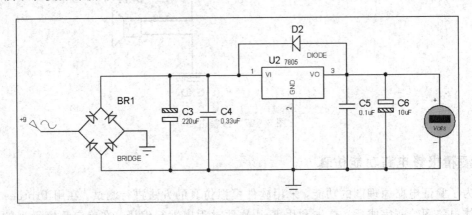

图 3-28　电源电路仿真图

（二）显示电路仿真

由于显示电路要结合单片机一起工作，所以要先把 hex 文件嵌入单片机中，然后运行仿真，显示数码管会依次点亮，说明显示电路连接无误。仿真电路如图 3-29 所示。

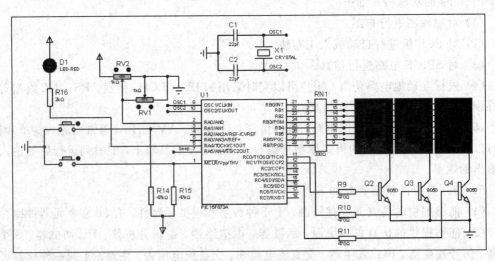

图 3-29　显示电路仿真图

（三）报警电路仿真

当系统报警时，单片机 PIC16F873A 的 7 脚置低电平，使蜂鸣器报警，仿真电路图如图 3-30 所示。

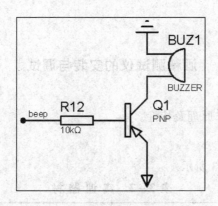

图 3 - 30　报警电路仿真结果图

(四) 整体电路仿真

　　整体电路仿真图如图 3 - 31 所示，由于仿真软件没有酒精浓度传感器，而传感器输出的是电压，因此用电源和滑动变阻器来代替传感器。由于传感器采集的是气体，故采集的只是一个区间的数值，不是准确的数值，而在仿真图中用到的滑动变阻器设置的值是个精确的数值，并且设定的数值跨度不大，所以只能显示出一个单个的数值。

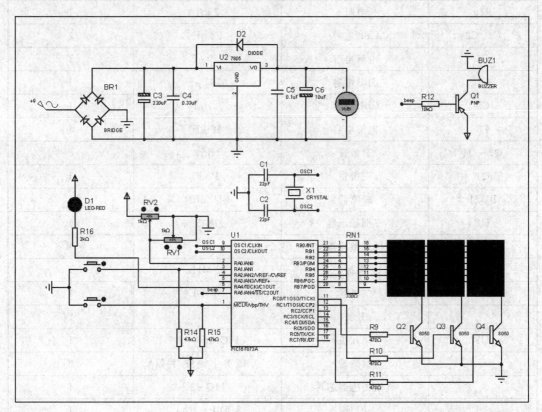

图 3 - 31　整体电路仿真图

技能训练

酒精测试仪的安装与调试

（一）实训目的

了解气敏传感器的工作原理及特性。

（二）实训器材

实训所需器材如表3-3所示。

表 3 - 3　实 训 器 材

位　号	名　称	型号/参数/封装	数　量
R1～R8	电阻	330 Ω	8
R9～R11	电阻	470 Ω	3
R12	电阻	10 kΩ	1
R13	电阻	220 Ω	1
R14、R15	电阻	47 kΩ	2
R16	电阻	2 kΩ	1
C1、C2	CBB 电容	22 pF	2
C3	电解电容	220 μF	1
C4	CBB 电容	0.33 μF	1
C5	CBB 电容	0.1 μF	1
C6	电解电容	10 μF	1
Q2～Q4	三极管	NPN	3
Q1	三极管	PNP	1
BUZ1	蜂鸣器	BUZZER	1
U2	三端稳压器	7805	1
BR1	桥式整流器		1
X1	晶振	12 MHz	1
D2	二极管	DIODE	1
	开关		2
U1	单片机	PIC16F873A	1
	数码管	0.56 英寸/1 位/共阳	3
	气敏传感器芯片	MQ - 3	1
	IC 座	DIP - 40	1
	插座	3P 2.54	1
	3P 端子线	3P 2.54	1

续表

位　号	名　称	型号/参数/封装	数　量
	4P 端子线	4P 2.54	1
	PCB 板	36 mm×67 mm 双面板	1
	外壳	带滤光片	1 套
	万用表	数字式	1 块
	焊接工具套装		1 套

(三) 实训操作

(1) 将＋15 V 电源接入气敏传感器模块。

(2) 打开电源开关,给气敏传感器预热数分钟,若时间较短可能产生较大的测试误差。

(3) 将气敏传感器模块的输出电压连接到主控箱的数显表,自备酒精棉球(作为气敏浓度检测用),观察电压表的变化,随着容器空间酒精浓度的升高,数字电压表读数将越来越大,同时模块上发光管点亮的数目呈上升趋势。

(四) 实训考核

根据完成实训综合情况,给予考核,考核内容及评分标准见表 3-4。

表 3-4　实训考核表

考核内容	评分标准		小计
(1) 气敏传感器的工作原理(10 分)	叙述传感器的工作原理准确、完善,不扣分		
	叙述条理不清楚、不准确,每错一处扣 1 分		
(2) 气敏传感器检测电路原理(10 分)	叙述检测电路的工作原理准确、完善,不扣分		
	叙述条理不清楚、不准确,每错一处扣 1 分		
(3) 仪器仪表的使用(10 分)	确定和识别一个常用电子元件的好坏,并使用仪器测量电路中一个点的信号	能正确测试传感器等常见元件的好坏,不扣分	
		不会判断和识别常用电子元件的好坏,扣 3 分	
		不会使用常见的测量仪器,扣 3 分	
(4) 实训器件的选取(15 分)	对本实训所需元件进行测试(10 分)	能完成传感器等各元器件的性能检测,不扣分	
		不能完成各元器件的性能检测,扣 5 分	
	选型(5 分)	能正确选用本项目所需元器件,不扣分	
		不能正确选用本项目所需元器件,扣 5 分	

续表

考核内容				评 分 标 准	小计
(5)电路安装 与调试(15分)				能正确安装并调试成功，不扣分	
				不能正确安装，但能找到故障原因，扣8分	
				不能正确安装，也不能找到故障原因，扣15分	
(6)电路布局(10分)				电路布局美观、合理，无跳线和交叉线，不扣分	
				电路布局美观、合理，每处跳线和交叉线扣2分，扣完为止	
				电路布局不美观、不合理，每处跳线和交叉线扣3分，扣完为止	
(7)素质 (30分)	基本素质 (10分)	考勤 (5分)		不迟到，不早退，按时完成任务，不扣分	
				上课每迟到或早退一次扣4分，扣完为止	
		协作意识 (5分)		能与同学积极进行交流、分工协作，不扣分	
	专业素质 (20分)	实训报告 (10分)		按时完成报告，且整洁、合理、要素齐全，不扣分	
				按时完成报告，虽不够整洁但要素齐全，扣2分	
				不能按时完成，且不够整洁、内容不齐全，扣6分	
		规范操作 (10分)		安全、规范操作，无元件损坏，不扣分	
				元件损坏，每个扣2分，扣完为止	
总　成　绩					

项 目 小 结

通过本项目的学习，掌握如下知识重点：
(1) 常用气敏传感器的组成、结构等基本特性。
(2) 常用气敏传感器的工作原理。
(3) 常用气敏传感器测量电路的特点以及电路补偿原理。

通过本项目的学习，掌握如下实践技能：
(1) 能正确分析、制作与调试气敏传感器应用电路；
(2) 掌握气敏传感器的工作原理，学会选型。

思 考 与 练 习

1. 气敏传感器有哪几种？分别简述其检测原理。
2. 为什么气敏元件都附加有加热管？
3. 简述湿敏传感器的分类及其各自的特点。
4. 查找资料，试举出湿敏传感器的其他应用。
5. 常用的氧化性气体和还原性气体有哪些？

项目四　光敏传感器在智能照明系统中的应用

随着生活水平的提高，人们对照明控制系统的要求也越来越高，为了提高工作或生活环境的舒适性，照明控制系统往往采用光敏传感器，根据当前环境的照度自动控制照明设备，从而使照度控制在舒适的范围内。本项目以智能台灯的设计为例，讲述光敏传感器的工作原理及应用。

本项目需要完成以下任务：

（1）光敏传感器的选择。

（2）智能台灯的设计与制作。

知识目标

（1）了解光敏传感器的作用和分类。

（2）熟悉常用光敏传感器的特点及应用范围。

（3）掌握常用光敏传感器的工作原理及使用方法。

（4）学会正确选用光敏传感器的方法。

能力目标

（1）能够灵活运用常用的光敏传感器。

（2）掌握常用光敏传感器的选用原则及典型应用方法。

（3）能够使用光敏传感器设计光照强度采集电路。

（4）能够使用光敏传感器设计人体红外检测电路。

任务一　光敏传感器的选择

任务目标

通过学习常用光敏传感器的工作原理和特性测试方法，培养学生对光敏传感器选型的能力。

知识链接

一、光敏传感器

光敏传感器是采用光敏元件作为检测元件的传感器。它首先把被测量的变化转换成光信号的变化，然后借助光敏元件进一步将光信号转换成电信号。它的敏感波长在可见光波长附近，包括红外线波长和紫外线波长。光敏传感器的工作基础是光敏元件的光电效应。

（一）光电效应

用光照射某一物体时，可看作是物体受到一连串光子的不断轰击，物体由于吸收光子能量后产生相应电效应的物理现象称为光电效应。

光电效应通常可以分为外光电效应和内光电效应两类。根据光电效应的不同可以制成不同的光电元件。

1. 外光电效应

在光线作用下能使电子逸出物体表面的现象称为外光电效应。根据外光电效应制成的光电元件类型很多，主要有光电管、光电倍增管等。

我们知道，光子是具有能量的粒子，每个光子具有的能量由下式确定：

$$E = h\upsilon \tag{4-1}$$

式中：h——普朗克常数，即 6.626×10^{-34} J·s；

υ——光的频率。

若物体中电子吸收的入射光的能量足以克服逸出功 A_0，则电子就逸出物体表面，产生电子发射。故要使一个电子逸出，则光子能量 $h\upsilon$ 必须超出逸出功 A_0，超过部分的能量表现为逸出电子的动能，即

$$h\upsilon = \frac{1}{2}mv_0^2 + A_0 \tag{4-2}$$

式中：m——电子质量；

v_0——电子逸出速度。

式(4-2)称为爱因斯坦光电效应方程。由此可得出以下结论：

（1）光电子能否产生，取决于光电子的能量是否大于该物体表面的电子逸出功 A_0。

（2）当入射光的频谱成分不变时，产生的光电流与光强成正比，即光强越大，意味着入射的光子数目越多，逸出的电子数也就越多。

（3）光电子的初动能取决于入射光的频率 υ。

（4）因为一个光子能量只能传给一个电子，所以电子吸收能量不需要积累能量的时间，在光刚照到物体上时，就立即有光电子发出。

2. 内光电效应

在光线作用下所产生的载流子（自由电子或空穴）仍在物质内部运动，使物质的电阻率发生变化，从而产生光电流或光生伏特现象，这种效应称为内光电效应。内光电效应又可分为光电导效应和光生伏特效应。

1）光电导效应

在光线作用下，电子吸收光子能量从键合状态过渡到自由状态，从而引起材料电阻率发生变化，这种效应称为光电导效应。基于这种效应的器件有光敏电阻等。

2）光生伏特效应

在光线作用下能够使物体产生一定方向的电动势的现象称为光生伏特效应。基于该效应的器件有光电池和光敏晶体管等。

（二）光电器件

1. 光电管

1）光电管的结构组成和工作原理

光电管由半圆筒形金属片制成的阴极 K 和位于阴极轴心的金属丝制成的阳极 A 组成，它们被封装在抽成真空的玻璃壳内，如图 4-1 所示。光电管有真空光电管和充气光电管两类。

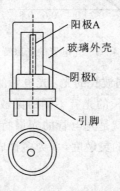

图 4-1　光电管结构示意图

当入射光照射在阴极上时，光子的能量传递给阴极表面的电子，从而使电子的能量增加。当电子获得的能量大于阴极材料的逸出功时，它就可以克服金属表面束缚而逸出形成电子发射，被具有正电位的阳极所吸引，在光电管中形成电流，从而实现光电转换。此时若光通量增大，则轰击阴极的光子数增多，单位时间内发射的光电子数也就增多，光电流变大。

2）光电管的主要性能

（1）光电管的伏安特性。当入射光的频谱及光通量一定时，光电管阳极与阴极之间的电压与光电流的关系称为光电管的伏安特性，如图 4-2 所示。

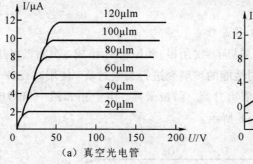
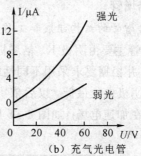

（a）真空光电管　　　　　　　　（b）充气光电管

图 4-2　光电管的伏安特性

（2）光电管的光照特性。当光电管阴极与阳极之间所加的电压一定时，光通量与光电流之间的关系称为光电管的光照特性，如图 4-3 所示。图中，曲线 1 表示氧铯阴极光电管的光照特性，光电流与光通量呈线性关系；曲线 2 为锑铯阴极光电管的光照特性，光电流与光通量呈非线性关系。光电管阴极材料不同，其光照特性也不同。光照特性曲线的斜率（光电流与入射光通量之比）称为光电管的灵敏度。

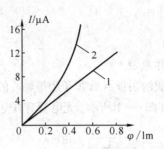

图 4-3　光电管的光照特性

（3）光电管的光谱特性。对不同波长的光，光电管的光谱灵敏度不同，如图 4-4 所示。不同阴极材料的光电管，对同一波长的光有不同的灵敏度；同一种阴极材料的光电管对于不同波长的光的灵敏度也不同，这就是光电管的光谱特性。图 4-4 中曲线 1、2 分别为铯阴极、锑铯阴极对应不同波长光线的灵敏度，3 为多种成分（锑、钾、钠、铯等）阴极的光谱特性曲线。

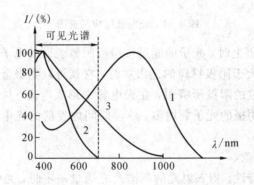

图 4-4　光电管的光谱特性

2. 光电倍增管

1）光电倍增管的结构组成和工作原理

光电倍增管主要由阴极 K、倍增极 D（次阴极）和阳极 A 组成，次阴极可达 30 级，通常为 12～14 级，并根据要求采用不同性能的玻璃壳进行真空封装。使用时在各个倍增电极上均加上电压，阴极电位最低，以后依次升高，阳极最高。由于相邻两个倍增电极之间有电位差，因此存在加速电场。如图 4-5 所示。

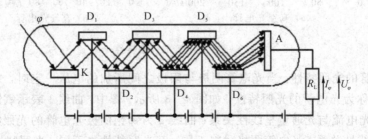

图 4-5　光电倍增管结构示意图

当微光照射阴极 K 时，从阴极上逸出的光电子被第一倍增极 D_1 加速，以很高的速度轰击 D_1。入射光电子的能量传递给 D_1 表面的电子使它们由 D_1 表面逸出，这些电子称为二次电子，一个入射光电子可以产生多个二次电子。D_1 发射出来的二次电子被 D_1、D_2 间的电场加速，射向 D_2，并再次产生二次电子发射，得到更多的二次电子。这样逐级前进，直到最后到达阳极 A 为止。

2）光电倍增管的主要性能

（1）光电倍增管的倍增系数 M。光电倍增管的倍增系数等于各个倍增电极的二次发射电子数 δ_i 的乘积。如果 n 个倍增电极二次发射电子的数目相同，则

$$M = \delta_i^n \qquad (4-3)$$

（2）光电阴极的灵敏度和光电倍增管的总灵敏度。一个光子在阴极能够打出的平均电子数叫作光电阴极的灵敏度，而一个光子在阳极上产生的平均电子数叫作光电倍增管的总灵敏度。

（3）暗电流和本底电流。由于环境温度、热辐射和其他因素的影响，即使没有光信号输入，光电倍增管在加上电压后阳极仍有电流，这种电流称为暗电流。在其受到人眼看不到的宇宙射线的照射后，光电倍增管就会有电流信号输出，即本底电流。

（4）光电倍增管的光谱特性。光电倍增管的光谱特性与相同材料的光电管的光谱特性相似。

3. 光敏电阻

1）光敏电阻的结构组成和工作原理

光敏电阻是薄膜元件，它是在陶瓷底衬上覆一层光电半导体材料，常用的半导体材料有硫化镉和硒化银等。在半导体光敏材料两端装上电极引线，将其封装在带有透明窗的管壳里就构成了光敏电阻，如图 4-6(a)、(b)所示。光敏电阻的灵敏度易受湿度的影响，因此要将光电半导体严密封装在玻璃壳体中。

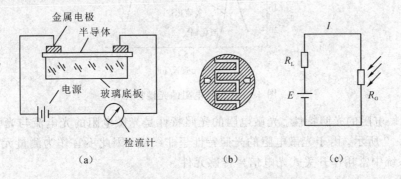

图 4-6　光敏电阻结构示意图和测量电路

如图 4-6(c)所示，当光敏电阻受到一定波长范围的光照时，它的阻值（亮电阻）急剧减少，电路中电流迅速增大。一般希望暗电阻越大越好，亮电阻越小越好，此时光敏电阻的灵敏度高。实际光敏电阻的暗电阻一般在兆欧级，亮电阻在几千欧以下。

2）光敏电阻的主要参数

（1）暗电阻。光敏电阻在不受光时的阻值称为暗电阻，此时流过的电流称为暗电流。

（2）亮电阻。光敏电阻在受光照射时的阻值称为亮电阻，此时流过的电流称为亮电流。

（3）光电流。亮电流与暗电流之差称为光电流。

3）光敏电阻的主要特性

（1）光敏电阻的伏安特性。在一定照度下，流过光敏电阻的电流与光敏电阻两端的电压的关系称为光敏电阻的伏安特性。图 4-7 所示为硫化镉光敏电阻的伏安特性曲线。由图可见，光敏电阻在一定的电压范围内，其 $I-U$ 曲线为直线，说明其阻值与入射光量有关，而与电压、电流无关。

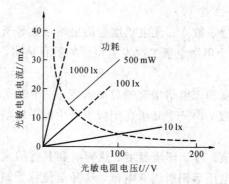

图 4-7　光敏电阻的伏安特性

（2）光敏电阻的光谱特性。光敏电阻的相对灵敏度与入射光波长的关系称为光谱特性，亦称为光谱响应。图 4-8 所示为几种不同材料光敏电阻的光谱特性。对应于不同波长，光敏电阻的灵敏度是不同的。

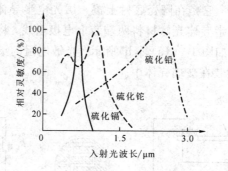

图 4-8　光敏电阻的光谱特性

（3）光敏电阻的光照特性。光敏电阻的光照特性是光敏电阻的光电流与光强之间的关系，如图 4-9 所示。由于光敏电阻的光照特性呈非线性，因此不宜作为测量元件，一般在自动控制系统中常用作开关式光电信号传感元件。

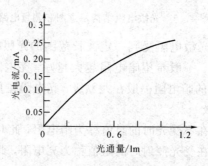

图 4-9　光敏电阻的光照特性

（4）光敏电阻的温度特性。光敏电阻受温度的影响较大。当温度升高时，它的暗电阻和灵敏度都下降。温度变化影响光敏电阻的光谱响应，尤其是响应于红外区的硫化铅光敏电阻受温度影响更大。图 4-10 为硫化铅光敏电阻的光谱温度特性曲线。

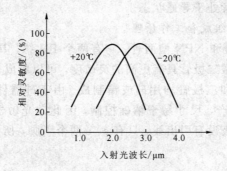

图 4-10　光敏电阻的温度特性

（5）光敏电阻的频率特性。光频率与相对灵敏度之间的关系称为光敏电阻的频率特性，如图 4-11 所示。光电器件的响应时间反映它的动态特性，响应时间小，表示动态特性好。光敏电阻的响应时间一般为 10^{-1} s～10^{-3} s。

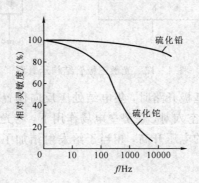

图 4-11　光敏电阻的频率特性

4. 光敏二极管和光敏三极管

1）光敏二极管的结构组成和工作原理

光敏二极管是一种利用 PN 结单向导电性的结型光电器件，与一般半导体二极管的不同之处在于光敏二极管将 PN 结设置在透明管壳顶部的正下方，光线通过透镜制成的窗口可以集中照射在 PN 结上。如图 4-12 所示。

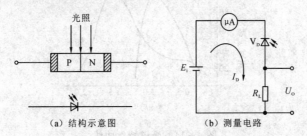

（a）结构示意图　　　　（b）测量电路

图 4-12　光敏二极管结构示意图和测量电路

　　光敏二极管在没有光照射时反向电阻很大，电流很小，这个反向电流称为暗电流，此时光敏二极管处于截止状态。当有光照射时，在 PN 结附近产生光生电子-空穴对，这些光生载流子在 PN 结势垒电场作用下，将光生电子拉向 N 区，将光生空穴推向 P 区，从而形成光电流，此时光敏二极管处于导通状态。

　　2）光敏三极管的结构组成和工作原理

　　光敏三极管有 PNP 型和 NPN 型两种。它有两个 PN 结，其结构与普通三极管相似，具有电流增益，但它比光敏二极管具有更高的灵敏度，可以看成是一个 e、b 结为光敏二极管的三极管。光敏二极管和三极管均用硅或锗制成。由于硅器件暗电流小、温度系数小，又便于用平面工艺大量生产，尺寸易于精确控制，因此硅光敏器件比锗光敏器件应用更广。多数光敏三极管的基极没有引出线，只有 c、e 两个引脚，所以其外形与光敏二极管相似，如图 4-13 所示。

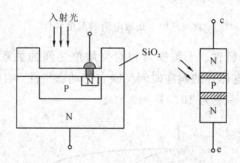

图 4-13　光敏三极管结构示意图

　　当集电极加上正电压，基极开路时，集电结处于反向偏置状态。当光线照射在集电结上时，集电结附近产生电子-空穴对，在势垒电场作用下，将光生电子拉到集电区，基区留下空穴，使基极与发射极间的电压升高，相当于给发射结加了正向偏压，使电子大量流向集电极，形成输出电流。

　　3）基本特性

　　（1）光谱特性。光敏二极管和光敏三极管的光谱特性曲线如图 4-14 所示。从曲线可以看出，硅的峰值波长约为 $0.9~\mu m$，锗的峰值波长约为 $1.5~\mu m$，此时灵敏度最大，而当入射光的波长增加或缩短时，相对灵敏度也下降。一般来讲，锗管的暗电流较大，因此性能较差，故在可见光或探测炽热状态物体时，一般都用硅管。当对红外光进行探测时，锗管较为适宜。

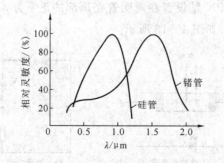

图 4-14　光谱特性曲线

（2）伏安特性。光敏三极管在不同照度下的伏安特性与一般晶体在不同基极电流下的输出特性类似，只要将入射光在基极和发射极之间的 PN 结附近所产生的光电流看成基极电流。如图 4－15 所示。

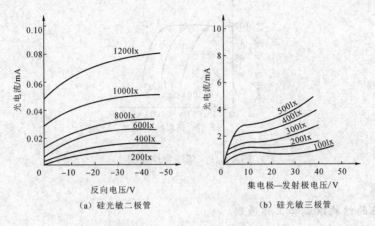

(a) 硅光敏二极管　　　　　(b) 硅光敏三极管

图 4－15　伏安特性曲线

（3）光照特性。光敏三极管的光照特性是指晶体管的输出电流 I_c 和照度 E_e 之间的关系曲线。其光照特性近似为线性关系，它的灵敏度和线性度均好，如图 4－16 所示。

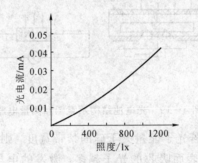

图 4－16　光照特性曲线

（4）温度特性。光敏三极管的温度特性是指在一定照度下温度与电流之间的关系。温度对亮电流、暗电流、输出电流影响程度不同，温度变化对光敏三极管的亮电流影响较小，但对暗电流的影响却十分显著，如图 4－17 所示。

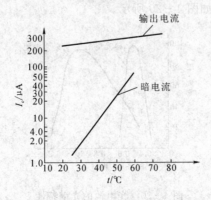

图 4－17　温度特性曲线

(5) 频率特性。光敏三极管的频率特性是指输入的调制光频率与相对灵敏度的关系。光敏三极管的频率特性受负载电阻的影响，减小负载电阻可以提高频率响应，如图 4-18 所示。

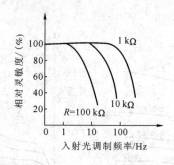

图 4-18　频率特性曲线

5. 光电池

1）光电池的结构组成和工作原理

在一块 N 型硅片上用扩散的方法制造一薄层 P 型层作为光照敏感面，形成一个大面积 PN 结，就构成了最简单的光电池，如图 4-19 所示。

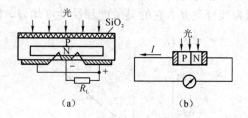

图 4-19　光电池结构示意图和测量电路

当光照射 P 区表面时，若光子能量大于硅的禁带宽度，则在 P 区内每吸收一个光子便产生一个电子-空穴对，P 区表面吸收的光子越多，激发的电子-空穴越多，向内部激发的越少，这种浓度差便形成从表面向体内扩散的自然趋势。

2）光电池的基本特性

(1) 光电池的光谱特性。光电池对不同波长的光，灵敏度是不同的。不同材料的光电池适用的入射光波长范围也不相同。一定照度下，光波波长与光电池相对灵敏度之间的关系称为光电池的光谱特性，如图 4-20 所示。

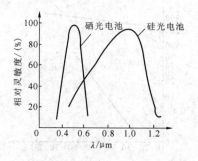

图 4-20　光电池的光谱特性

（2）光电池的频率特性。光电池的频率特性是指输出电流与入射光调制频率的关系。当入射光照度变化时，由于光生电子-空穴对的产生和复合都需要一定时间，因此入射光调制频率太高时，光电池输出电流变化幅度将下降。硅光电池频率特性较好，工作频率上限约为几万赫兹，而硒光电池的频率特性较差，如图 4-21 所示。

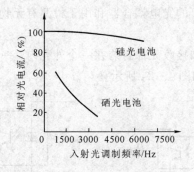

图 4-21　光电池的频率特性

（3）光电池的光照特性。光电池在不同的光照度下，光生电动势和光电流是不相同的。光照度与输出电动势、输出电流之间的关系称为光电池的光照特性，如图 4-22 所示。

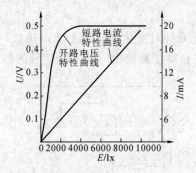

图 4-22　光电池的光照特性

（4）光电池的温度特性。光电池的温度特性是指开路电压和短路电流随温度变化的情况。由于它关系到应用光电池的仪器设备的温度漂移，影响测量精度或控制精度等重要指标，因此温度特性是光电池的重要特性之一。硅光电池开路电压随温度上升而明显下降，温度上升 1 ℃，开路电压约降低 3 mV，而短路电流随温度上升却是缓慢增加的，如图 4-23 所示。

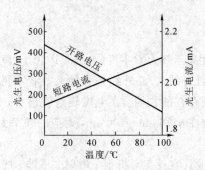

图 4-23　光电池的温度特性

6. 光电耦合器件

光电耦合器件是由发光元件(如发光二极管)和光电接收元件合并使用,以光作为媒介传递信号的光电器件。光电耦合器件中的发光元件通常是半导体发光二极管,光电接收元件有光敏电阻、光敏二极管、光敏三极管或光可控硅等。根据结构和用途不同,光电耦合器件又可分为用于实现电隔离的光电耦合器和用于检测有无物体的光电开关。

1) 光电耦合器

光电耦合器的发光元件和接收元件封装在一个外壳内,一般有金属封装和塑料封装两种。耦合器常见的组合形式如图 4 - 24 所示。

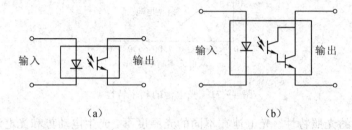

(a)　　　　　　　　　　　　　　(b)

图 4 - 24　光电耦合器

2) 光电开关

光电开关是一种利用感光元件对变化的入射光加以接收,并进行光电转换,同时加以某种形式的放大和控制,最终获得控制输出"开""关"信号的器件,如图 4 - 25 所示。

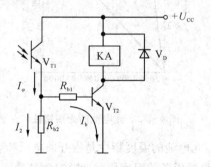

图 4 - 25　光电开关

二、热释电红外传感器

(一) 红外辐射

任何物体,只要它的温度高于热力学零度($-273.15\ ℃$),就会向外辐射能量,故称为热辐射,又称为红外辐射(俗称红外线)。红外线是一种人眼看不见的光线,但实际上它与其他任何光线一样,也是一种客观存在的物质。在电磁辐射波谱中,红外线是位于可见光中红色光以外的光线,波长范围大致在 $0.76\ \mu m \sim 100\ \mu m$,对应的频率大致在 $4 \times 10^{14}\ Hz \sim 3 \times 10^{11}\ Hz$ 之间。

红外线与可见光一样,也具有反射、折射、散射、干涉、吸收等特性,它在真空中的传播速度为光速,即 $c = 3 \times 10^{8}\ m/s$。

在红外技术中，一般将红外辐射分为四个区域：波长在 0.76 μm～3 μm 为近红外区；波长在 3 μm～6 μm 为中红外区；波长在 6 μm～20 μm 为中远红外区；波长在 20 μm～100 μm 为远红外区。

红外辐射在大气中传播时，由于大气中的气体分子、水蒸气以及固体微粒、尘埃等物质的吸收和散射作用，使辐射能在传输过程中逐渐衰减。但红外辐射在通过大气层时，在以下三个波段区间，即 2 μm～2.6 μm、3 μm～5 μm、8 μm～14 μm，大气对红外线几乎不吸收，故称之为"大气窗口"。这三个大气窗口对红外技术应用特别重要，红外仪器都工作在这三个窗口之内。

（二）热释电红外传感器

红外传感器是将红外辐射能量的变化转换为电量变化的一种传感器，也常称为红外探测器。红外传感器是红外探测系统的核心，它的性能好坏，将直接影响系统性能的优劣。选择合适的、性能良好的红外传感器，对于红外探测系统是十分重要的。

按探测机理的不同，红外传感器可分为光子传感器和热传感器两大类。

红外光子传感器的工作原理是基于光电效应。其主要特点是灵敏度高，响应速度快，响应频率高。但红外光子传感器一般需在低温下才能工作，故需要配备液氦、液氮制冷设备。此外，光子传感器有确定的响应波长范围，探测波段较窄。

红外热传感器的工作原理是利用热辐射效应。探测器件接收辐射能后引起温度升高，再由接触型测温元件测量温度改变量，从而输出电信号。与光子传感器相比，热传感器的探测率比光子传感器的峰值探测率低，响应速度也慢得多。但热传感器光谱响应宽而且平坦，响应范围可扩展到整个红外区域，并且在常温下就能工作，使用方便，故应用仍相当广泛。

下面重点介绍热释电红外传感器。

热释电红外传感器是一种新型的热传感器，它是利用某些材料的热释电效应探测辐射能量的器件。由于热释电信号正比于器件温升随时间的变化率，而不像通常热传感器那样需要有个热平衡过程，因此，热释电传感器的响应速度比其他传感器快得多。它不但可以工作于低频，而且能工作于高频，目前最好的热释电传感器的探测率可以高达 5×10^9 cm·$Hz^{1/2}$/W，已经超过了所有的室温热传感器。因而热释电传感器不仅具有室温工作、光谱响应宽等热传感器的共同优点，而且也是探测率最高、频率响应最宽的热传感器。随着热释电传感器研究的不断深入和发展，其应用也日趋广泛，不仅应用于光谱仪、红外测温仪、热像仪和红外摄像管等方面，而且在快速激光脉冲监测和红外遥感技术中也得到了实际应用。

1. 热释电效应

热释电传感器所用材料为热电晶体，如硫酸三甘肽（TGS）、铌酸锶钡（SBN）、钽酸锂、铌酸锂等。在具有非中心对称结构的极性晶体中，即使在外电场和应力均为零的情况下，其本身也具有自发极化，自发极化强度 P_s 是温度的函数，即温度升高时，P_s 减小，当温度高于居里温度时，$P_s = 0$，具有这种性质的晶体称为热电晶体。

由于自发极化，热电晶体的外表面上应出现面束缚电荷，在垂直于 P_s 的晶体表面上面束缚电荷密度 $\sigma_s = P_s$，平时这些面束缚电荷常被晶体内部和外来的自由电荷所中和，因此晶体并不显出外电场。但是，由于自由电荷中和面束缚电荷所需要的时间很长，大约从数秒到数小时，而晶体自发极化的弛豫时间很短，约为 10 s～12 s，因此，当热电晶体温度以一定频率发生变化时，由于面束缚电荷来不及被中和，晶体的自发极化强度或面束缚电荷密度 σ_s 必然以同样的频率出现周期性变化，并产生一个交变的电场，这种现象就是热释电效应。

2. 热释电红外传感器的结构和工作原理

热释电红外传感器如图 4-26 所示。若用调制频率为 f 的红外辐射照射热电晶体，则晶体温度、自发极化强度以及由此引起的面束缚电荷密度均随频率 f 发生周期性变化。如果 $1/f$ 小于自由电荷中和面束缚电荷所需要的时间，那么在垂直于 P_s 的两端面间会产生交变开路电压。若在这两个端面涂上电极，并通过负载连成闭合回路，则在回路中就会有电流流过，而且在负载的两端产生交变的信号电压。这就是热释电红外传感器工作的基本原理。

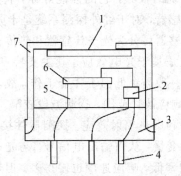

1—窗口；2—FET；3—绝缘基座；4—引脚；
5—导电性支撑台；6—热释电元件；7—外壳

图 4-26　热释电红外传感器

热释电红外传感器按其内部安装敏感元件数量的多少，可分为单元件、双元件、四元件及特殊形式等几种，最常用的为双元件型。所谓双元件，是指在一个传感器中有两个反向串联的敏感元件。双元件传感器有如下优点：

(1) 当能量顺序地入射到两个元件上时，其输出要比单元件器件高一倍。

(2) 由于两个元件逆向串联使用，对同时输入的能量会相互抵消，因此可防止太阳的红外线引起的误动作。

(3) 可以防止由于环境温度变化引起的检测误差。

3. 热释电红外传感器的优缺点

热释电红外传感器的优点：

(1) 本身不发出任何类型的辐射。

(2) 器件功耗很小，隐蔽性好。

(3) 价格低廉。

热释电红外传感器的缺点：

(1) 容易受各种热源、光源干扰。

(2) 被动红外穿透力差，人体的红外辐射容易被遮挡，不易被探头接收。

(3) 环境温度和人体温度接近时，探测和灵敏度明显下降，有时造成短时失灵。

技能训练

光敏传感器的特性测试

（一）实训目的

（1）掌握光敏电阻的电阻-照度特性及其测量方法。

（2）了解光敏电阻的光谱特性、伏安特性及其测量方法。

（3）了解应用光敏电阻测量光照度及光电自动控制的原理和方法。

（二）实训器材

实训所需器材如表4-1所示。

表 4-1　实训器材

序号	实训器材	数量	序号	实训器材	数量
1	光照度仪	1	5	光敏电阻	1
2	直流稳压电源	1	6	白炽灯泡	1
3	数字万用表	1	7	暗箱	1
4	三极管放大电路	1	8	导线	若干

（三）实训操作

（1）用数字万用表测量白炽灯光照下光敏电阻的光照度特性，将测量数据填入表 4-2中。在坐标纸上画出 $R_G \sim E$ 特性曲线，并求照度为 1 lx、10 lx、80 lx、1000 lx 时光敏电阻的灵敏度。

表 4-2　照度 E 与 R_G 测量数据记录表

照度 E/lx	0	1	4	10	40	80	120	300	600	1000	1200	1500
R_G/Ω												

（2）测试光敏电阻的伏安特性，将测量数据填入表 4-3中。

表 4-3　光敏电阻伏安特性测量数据记录表

光敏电阻端电压 U_G/V	0.5	1.0	1.5	2.0	2.5	3.0	3.5	4.0
照度 1：100 lx								
照度 2：50 lx								

（3）用白炽光照度控制街灯的亮暗。如图 4-27 所示，当正常光线照在光敏电阻上时，因阻值较小，其端电压小于 0.5 V，街灯实验电路中的三极管截止，即流过复合三极管和白炽灯泡的电流趋于零，灯暗；当光照逐渐变暗时，光敏电阻阻值变大，复合三极管逐渐导通，流过复合三极管和灯的电流逐渐变大，灯 H 逐渐变亮；当入射光敏电阻的照度为零时，灯最亮。二极管 V_D 的作用是保护复合三极管，防止大反向电压加在复合三极管的 b、e 两极之间。

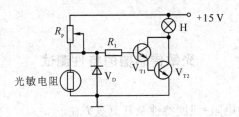

图 4 - 27 街灯电路

表 4 - 4 街灯电路实验数据表 1

灯的状态	光敏电阻端电压	复合三极管 c、e 间电压	灯端电压
全暗			
灯亮			
灯最亮			

表 4 - 5 街灯电路实验数据表 2

照度				
光敏电阻端电压				
灯两端电压				
灯亮度				
复合三极管 c、e 间电压				

(四) 实训考核

实验结束后，学生可依据表 4-6 所示的实训考核内容和评分标准进行小组自评、互评并打分。

表 4 - 6 实训考核表

考核内容	评 分 标 准	小计
(1) 信息收集能力 (10 分)	能根据任务要求收集光敏传感器的相关资料，不扣分	
	不主动收集资料，扣 4 分	
	不收集资料，扣 10 分	
(2) 项目的原理 (15 分)	叙述光敏电阻的工作原理准确，不扣分	
	叙述条理不清楚、不准确，每错一处扣 2 分	
(3) 具体操作 (20 分)	接线正确、数据记录完整，不扣分	
	接线正确、数据记录不完整，扣 5 分	
	接线不正确，扣 10 分	

续表

考核内容		评　分　标　准	小计
（4）数据处理 （10分）		数据处理正确，不扣分	
		数据处理方法正确，但结果不对，扣5分	
		数据处理方法不对，扣10分	
（5）汇报表达能力 （10分）		表达完整，条理清楚，不扣分	
		表达虽不够完整，但条理清楚，扣4分	
		表达不完整，条理不清楚，扣8分	
（6）素质 （35分）	基本素质 （15分）	考勤 （10分）　出全勤，不迟到，不早退，不扣分	
		不能按时上课，每迟到或早退一次扣3分	
		学习态度 （5分）　学习认真，及时预习复习，不扣分	
		学习不认真，不能按要求完成任务，扣3分	
	专业素质 （20分）	实训报告 （10分）　按时、完整、正确地完成实训报告，不扣分	
		按时完成实训报告，虽不完整但基本正确，扣3分	
		不能按时完成实训报告，不完整、有错误，扣6分	
		团结协作 意识（4分）　能团结同学，互相交流、分工协作完成任务，不扣分	
		安全意识 （6分）　安全、规范操作，不扣分	
总　成　绩			

任务二　智能台灯的设计与制作

【任务目标】

本任务以智能台灯电路为例，要求理解智能台灯电路的组成以及工作原理，通过仿真测试、实物安装及调试，掌握智能台灯电路的仿真与制作工作流程。

【知识链接】

当人体在台灯范围内且环境光线较弱时，智能台灯自动感应开灯，灯的亮度随着环境光线的改变而自动调节；一旦人离开台灯范围，即热释电红外传感器检测不到有人时，台灯1分钟后自动熄灭。本设计通过亮度的自动调节和开关的自动控制来达到绿色节能的效果。同时为了提高本设计的适用范围，还加入了手动模式的控制，在该模式下，台灯亮度由按键调节，这样使得该台灯在一些特殊情况下也能适用。

系统框图如图4-28所示。本电路以STC89C52单片机为核心器件；光照强度采集模块使用光敏电阻结合 ADC0832 进行模/数转换；人体感应模块采用热释电红外传感器，该传感器灵敏度高，操作控制简单；按键模块由 3 个按键构成，包括模式切换按键、亮度减少按键和亮度增加按键；照明设备采用 USB 小灯进行模拟，在 USB 小灯内部是 6 个白色的 LED 灯；模式指示灯由一个绿色的小灯构成，指示灯亮时是自动模式，熄灭时是手动模式；电路采用常用的 USB 5 V 进行供电。

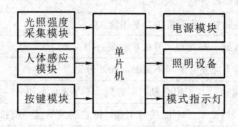

图 4-28　系统框图

一、智能台灯电路的设计

（一）STC89C52 单片机

STC89C52 是一个低电压、高性能的 CMOS 8 位单片机，片内含 8 KB 可反复擦写的 Flash 只读程序存储器和 256 B 的随机存取存储器（RAM），器件采用 ATMEL 公司的高密度、非易失性存储技术生产，兼容标准 MCS-51 指令系统，片内置通用 8 位中央处理器和 Flash 存储单元。

STC89C52 有 40 个引脚，32 个外部双向输入/输出（I/O）端口，同时内含 2 个外中断口，3 个 16 位可编程定时计数器，2 个全双工串行通信口，2 个读写输入/输出口。

STC89C52 的最小系统如图 4-29 所示，整个最小系统由晶振电路、复位电路、电源电路三部分组成。

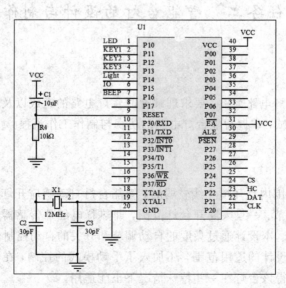

图 4-29　单片机最小系统

(二) 光照强度采集电路

本设计中的台灯有自动调节亮度的功能,因此必须采集环境中的光照强度,以便进行台灯亮度的计算和控制。光照强度采集使用的传感器是光敏电阻,由于光敏电阻采集到的是光照强度的模拟量,因此使用 ADC0832 将光照强度模拟量转换为数字量再传给单片机进行处理。

1. ADC0832 简介

ADC0832 是 NS(National Semiconductor)公司生产的串行接口 8 位 A/D 转换器,通过三线接口与单片机连接,功耗低,性能价格比高,适宜在袖珍式的智能仪器仪表中使用。

ADC0832 的最高分辨可达 256 级,可以适应一般的模拟量转换要求。芯片具有双数据输出,可用于数据校验,以减少数据误差;芯片 A/D 转换速度快且稳定性能强;芯片具有独立的使能输入,使多器件连接和处理器控制变得更加方便;通过数据输入端,可以轻易地实现通道功能的选择。其主要特点如下:

(1) 8 位分辨率,逐次逼近型,基准电压为 5 V;

(2) 5 V 单电源供电;

(3) 输入模拟信号电压范围为 0 V~5 V;

(4) 输入和输出电平与 TTL 和 CMOS 兼容;

(5) 在 250 kHz 时钟频率时,转换时间为 32 μs;

(6) 具有两个可供选择的模拟输入通道;

(7) 功耗低,仅为 15 mW。

2. 光照强度采集电路设计

本设计中的光照强度采集电路利用光敏电阻 RG 采集外界光照强度,将其送至 ADC0832 的 CH0 通道进行模数转换,然后将转换后的数字信号送到单片机的 I/O 口。光照强度采集电路如图 4-30 所示。

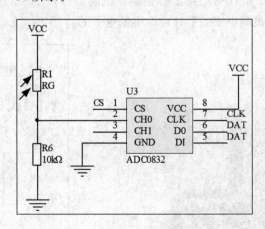

图 4-30　光照强度采集电路

(三) LED 照明电路

LED 照明电路如图 4-31 所示。本设计采用市面上的一种 USB 小灯作为照明设备,拆开这个小灯的外壳可以发现,里面其实是 6 个白色的 LED 灯串联了 6 个电阻。使用该

USB 小灯，不仅简化了设计，而且在外形上更加美观，更接近实际台灯的外观。实际电路采用 PNP 三极管驱动，三极管型号是 8550，基极接到单片机的 I/O 口，发射极接电源，集电极串联 USB 小灯后连到电源地。只要单片机该 I/O 口输出一个低电平信号，即可控制三极管导通，继而点亮 LED 灯。

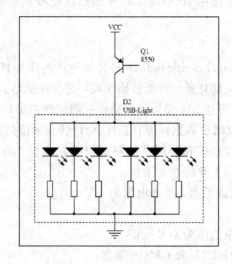

图 4 - 31 LED 照明电路

（四）人体红外检测电路

本设计采用人体红外感应模块 HC - SR501，该模块是基于红外线技术的自动控制模块，采用德国原装进口 LHI778 红外探头设计，灵敏度高，可靠性强，超低电压工作模式，广泛应用于各类自动感应电器设备，尤其是干电池供电的自动控制产品。其实物图片如图 4 - 32 所示。

人体红外感应模块的检测电路如图 4 - 33 所示。该模块只引出 3 个引脚，其中第 1 脚和第 3 脚分别连接 VCC 和 GND，第 2 脚接单片机的 I/O 口 P22，当有人出现在模块的检测范围内时，该引脚输出高电平，平时是输出低电平的。

图 4 - 32 HC - SR501 实物图

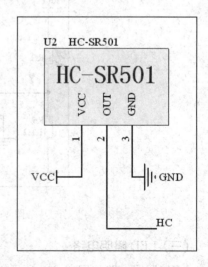

图 4 - 33 人体红外检测电路

（五）按键输入模块

本设计中由于采用的按键数量较少，只有 3 个按键，分别是"模式切换按键""亮度减少按键"和"亮度增加按键"，故采用了独立键盘的方式。按键的连接如图 4-34 所示。

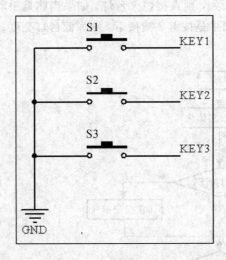

图 4-34　按键输入电路

（六）智能台灯电路原理图

根据以上各模块电路的分析，最终完成智能台灯电路的原理图，如图 4-35 所示。

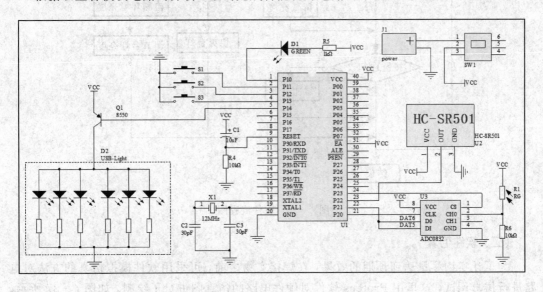

图 4-35　智能台灯电路原理图

二、智能台灯电路的仿真

（一）总体程序流程图的设计

本电路设计的软件流程图如图 4-36 所示。首先，进行单片机定时器的初始化，接着判断按键 1 是否被按下，若按下则切换控制模式，即手动模式变为自动模式，自动模式变为手动模式。然后,根据当前的工作模式,进行不同的处理。如果当前是自动模式,先判断过去的 1 分钟是否检测到有人存在,若有则通过读取 ADC0832 的数据,计算出当前空间环境的光照强度,再根据不同的光照强度大小,实时调节台灯的亮度,实现光线越暗,台灯越亮的效果;若检测不到人,则直接熄灭台灯。如果当前是手动模式,则分别判断按键 2 和按键 3 有没有被按下,如果是按键 2 被按下,则降低台灯亮度;如果是按键 3 被按下,则增加台灯亮度。

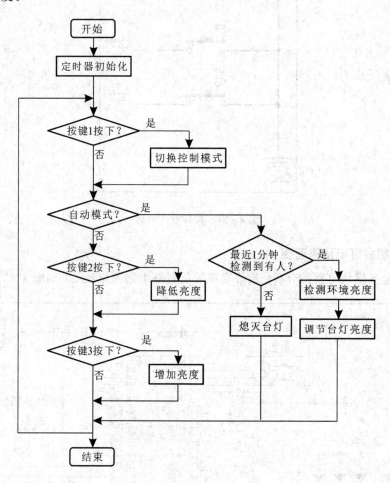

图 4 - 36 软件流程图

(二) 软件仿真

为了让实物尽量达到预期的效果,在焊接实物之前,可采用软件模拟仿真的方法对电路进行仿真调试,这里用 Proteus 软件对硬件电路的仿真图进行了绘制,如图 4 - 37 所示。绘制完成后,首先利用 Keil 软件对编写的程序进行调试编译,在确定程序正确无误的条件下,生成单片机能识别的 hex 文件,将生成的 hex 文件烧入单片机即可对整个电路图仿真。仿真达到预期的效果以后,就能根据电路图焊接实物。

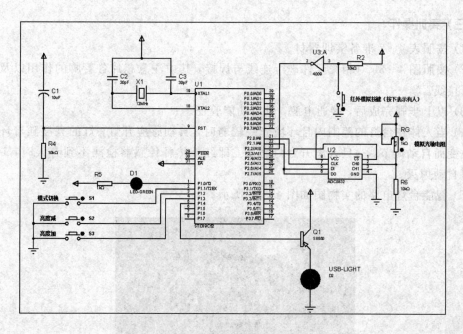

图 4-37　Proteus 电路仿真图

智能台灯电路的安装与调试

(一) 实训目的

(1) 掌握智能台灯电路的工作原理。

(2) 掌握智能台灯电路的制作流程。

(二) 实训器材

实训所需器材如表 4-7 所示。

表 4-7　实 训 器 材

序号	实训器材	数量	序号	实训器材	数量
1	STC89C52 单片机	1	9	ADC0832	1
2	USB 小灯	1	10	光敏电阻	1
3	10 μF 电解电容	1	11	LED	1
4	12 MHz 晶振	1	12	S8550(PNP)三极管	1
5	10 kΩ 电阻	2	13	人体红外热释电传感器	1
6	30 pF 电容	2	14	电源	1
7	1 kΩ 电阻	1	15	焊接工具	1 套
8	按键开关	3	16	数字电压表	1

(三)实训操作

(1)按照表4-7准备实训器材。

(2)按照图4-35对相关元件进行连线与焊接,其中注意芯片各管脚的作用以及该如何进行接线。

(3)以上步骤完成后,接通电源,进行功能验证。

(4)当人体在台灯的范围内且环境光线较弱时,自动感应开灯,灯的亮度随着环境光线的改变而自动调节,一旦人离开台灯范围,即红外热释传感器检测不到有人时,1分钟后台灯自动熄灭。

(5)智能台灯电路的实物图如图4-38所示。

图4-38　智能台灯电路实物图

(四)实训考核

根据完成实训综合情况,给予考核,考核内容及评分标准见表4-8。

表4-8　实训考核表

考核内容	评分标准		小计
(1)光敏电阻的工作原理(10分)	叙述光敏电阻的工作原理准确、完善,不扣分		
	叙述条理不清楚、不准确,每错一处扣1分		
(2)红外热释电传感器的工作原理(10分)	叙述红外热释电传感器的工作原理准确、完善,不扣分		
	叙述条理不清楚、不准确,每错一处扣1分		
(3)仪器仪表的使用(10分)	确定和识别一个常用电子元件的好坏,并使用仪器测量电路中一个点的信号	正确测试传感器等常见元件的好坏,不扣分	
		不会判断和识别常用电子元件的好坏,扣3分	
		不会使用常用测量仪器,扣10分	

考核内容			评 分 标 准	小计
(4) 实训器件的选取(15分)	对本实训所需元器件进行测试(10分)		能完成传感器等各元器件的性能检测，不扣分	
			不能全部完成各元器件的性能检测，扣5分	
	选型(5分)		能正确选用本项目所需元器件，不扣分	
			不能正确选用本项目所需元器件，扣5分	
(5) 电路安装与调试(15分)			能正确安装并调试成功，不扣分	
			不能正确安装，但能找到故障原因，扣8分	
			不能正确安装，也不能找到故障原因，扣15分	
(6) 电路布局(10分)			电路布局美观、合理，无跳线和交叉线，不扣分	
			电路布局美观、合理，每处跳线和交叉线扣2分，扣完为止	
			电路布局不美观、不合理，每处跳线和交叉线扣3分，扣完为止	
(7) 素质(30分)	基本素质(10分)	考勤(5分)	不迟到，不早退，按时完成任务，不扣分	
			每迟到或早退一次扣4分，扣完为止	
		协作意识(5分)	能与同学积极进行交流、分工协作，不扣分	
	专业素质(20分)	实训报告(10分)	按时完成报告，且整洁、合理、要素齐全，不扣分	
			按时完成报告，虽不够整洁但要素齐全，扣2分	
			不能按时完成，且不够整洁、内容不齐全，扣6分	
		安全意识(6分)	安全、规范操作，无元件损坏，不扣分	
			元件损坏，每个扣2分，扣完为止	
总 成 绩				

项 目 小 结

通过本项目的学习，掌握如下知识重点：

(1) 光电效应及其分类。

(2) 光敏传感器的工作原理和应用。

(3) 常用光敏传感器的功能、特性指标。

通过本项目的学习，掌握如下实践技能：

(1) 能正确分析、制作与调试光敏传感器应用电路。

(2) 掌握常用光敏传感器的特性测试方法。

思 考 与 练 习

1. 光电效应可分为哪些类型？简要说明光敏传感器的原理并分别列出以之为基础的光敏传感器。

2. 光敏传感器可分为哪几种类型？其代表器件有哪些？

3. 当光照改变时，光敏电阻的阻值如何变化？

4. 试述光电倍增管的组成及工作原理。

5. 光敏二极管在使用时应注意什么问题？

6. 为什么在光照度增大到一定程度后，硅光电池的开路电压不再随入射照度的增大而增大？硅光电池的最大开路电压为多少？

7. 试举出几个实例说明光敏传感器的实际应用，并进行工作原理的分析。

项目五　位移传感器在汽车倒车雷达系统中的应用

项目分析

　　汽车倒车雷达的全称为汽车倒车防撞雷达，也称为汽车泊车辅助装置，是汽车泊车或者倒车时的安全辅助装置。它能以声音或者更为直观的方式告知驾驶员周围障碍物的情况，解除驾驶员在泊车、倒车和启动车辆时前后左右障碍物对探视所引起的困扰，帮助驾驶员扫除视野死角和视线模糊的缺陷，提高驾驶的安全性。本项目将利用超声波的特点和优势，将超声波测距系统和单片机结合在一体，设计出一种基于 STC89C51 单片机的汽车倒车雷达系统。

　　本项目将完成以下任务：

　　(1) 位移传感器的选择；

　　(2) 汽车倒车雷达系统的设计与分析。

知识目标

　　(1) 掌握位移传感器的工作原理及常见类型。

　　(2) 了解几种常见位移传感器的结构和特性。

　　(3) 理解超声波测距的原理。

能力目标

　　(1) 认识机械式位移传感器、光栅式位移传感器、超声波传感器。

　　(2) 掌握电容式位移传感器的测量原理及方法。

　　(3) 掌握基于单片机的汽车倒车雷达系统硬件电路的设计方法。

任务一　位移传感器的选择

任务目标

　　本任务通过学习几种位移传感器的结构、原理及特性测试方法，来培养学生对位移传感器选型的能力。

┌─────────┐
│ 知识链接 │
└─────────┘

　　位移测量从被测量的角度可分为线位移测量和角位移测量；从测量参数特性的角度可分为静态位移测量和动态位移测量。许多动态参数，如力、扭矩、速度、加速度等都是以位移测量为基础的。位移是物体上某一点在一定方向上的位置变动，因此位移是矢量。只有当测量方向与位移方向重合时才能真实地测量出位移量的大小。若测量方向与位移方向不重合，则测量结果仅是该位移量在测量方向上的分量。测量时应当根据不同的测量对象选择测量点、测量方向和测量系统，其中传感器对测量精度影响很大，必须特别重视。

　　测量位移的方法很多，通过电测或者非电测的手段，可将位移转换成模拟量或者数字量。根据测量原理的不同，实现位移测量的方法一般可以分为下列几类：

　　（1）被测位移使传感器结构发生变化，把位移量转换成电量，如电位器式传感器、电容式传感器、电感式传感器、差动变压器式传感器、电涡流式传感器、霍尔式传感器等均能实现位移测量。

　　（2）利用某些功能材料的效应，如压电传感器、金属应变片、半导体应变片等，通过将小的位移转换成电荷或者应变阻值的变化，实现位移的测量。

　　（3）将位移量转换成数字量，如光电式光栅和光电编码器、磁电式磁栅和感应同步器等。

　　下面介绍几种常见的位移传感器。

一、电位器式位移传感器

　　电位器式位移传感器是通过电位器元件将机械位移转换成与之成线性或任意函数关系的电阻或电压输出，图 5-1 为其工作原理示意图。普通直线电位器和圆形电位器可分别用作直线位移和角位移传感器。但是，为实现测量位移目的而设计的电位器，要求在位移变化和电阻变化之间有一个确定的关系。电位器式位移传感器的可动电刷与被测物体相连，物体的位移引起电位器移动端的电阻变化，阻值的变化量反映了位移的量值，阻值的增加或减小则表明了位移的方向。通常在电位器上通以电源电压，将电阻变化转换为电压输出。线绕式电位器由于其电刷移动时电阻以匝电阻为阶梯而变化，故其输出特性亦呈阶梯形。如果这种位移传感器在伺服系统中用作位移反馈元件，则过大的阶跃电压会引起系统振荡，因此在电位器制作中应尽量减小每匝的电阻值。

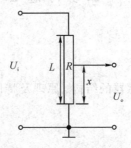

图 5-1　电位器式位移传感器工作原理示意图

电位器式传感器的一个主要缺点是易磨损,但它具有结构简单、输出信号大、使用方便、价格低廉等优点。图 5-2 所示为电位器式位移传感器的实物图。

图 5-2　电位器式位移传感器的实物图

二、电容式位移传感器

(一) 电容式传感器的工作原理、特点及分类

1. 电容式传感器的工作原理

由两平行极板组成一个电容器,如图 5-3 所示,若忽略其边缘效应,则电容量可表示为

$$C = \frac{\varepsilon S}{d} = \frac{\varepsilon_r \varepsilon_0 S}{d} \tag{5-1}$$

式中:S——极板相互遮盖面积,$\mathrm{m^2}$;

　　　d——两平行极板间的距离,m;

　　　ε——极板间介质的介电常数,$\varepsilon = \varepsilon_r \varepsilon_0$;

　　　ε_r——极板间介质的相对介电常数;

　　　ε_0——真空的介电常数,$\varepsilon_0 = 8.85 \times 10^{-12}$ F/m。

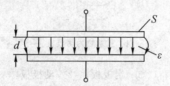

图 5-3　平板电容器

由式(5-1)可见,在 ε_r、d、S 三个参量中,只要保持其中两个不变,而使另一个随被测量的改变而改变,则电容 C 将随被测量的改变而改变,通过测量电容 C 的变化量即可反映被测量的变化,这就是电容式传感器的工作原理。电容式传感器的被测量包括位移、压力、厚度、物位、湿度、振动、转速、流量及成分分析等,精度可达 0.01%。

2. 电容式传感器的特点

电容式传感器的主要优点是:结构简单,易于制造;功率小,阻抗高,输出信号强;动态特性良好,受本身发热影响小。电容式传感器作为频响宽、应用广、非接触测量的一种传感器,是很有发展前途的。

电容式传感器的主要不足之处是:寄生电容影响比较大,输出阻抗比较高,负载能力相对比较大,输出为非线性。

3. 电容式传感器的分类

电容式传感器在实际应用中有三种基本类型,即变极距型、变面积型和变介质型。电容式传感器的结构形式多种多样，图 5-4 给出了一些典型的结构形式，其中图(a)、(b)、(c)、(d)、(e)、(f)为变面积型电容式传感器，图(g)、(h)、(i)、(j)为变介质型电容式传感器，图(k)、(l)为变极距型电容式传感器。

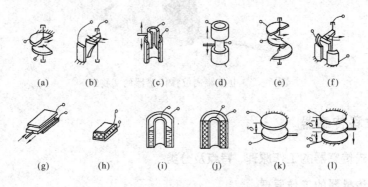

(a)　　(b)　　(c)　　(d)　　(e)　　(f)

(g)　　(h)　　(i)　　(j)　　(k)　　(l)

图 5-4　电容式传感器的结构形式

(二) 变极距型电容式传感器

图 5-5 所示为变极距型电容式传感器的结构原理图。图中 1 和 3 为定极板，2 为动极板(或相当于动极板的被测物)，其位移由被测物带动。从图 5-5(a)、(b)可看出，当动极板由被测物带动向上移动(即 δ 减小)时，电容值增大，反之电容值则减小。

（b）被测物为动极板　　　（c）差分式

1、3—定极板；　2—动极板

图 5-5　变极距型电容式传感器结构原理图

设极板面积为 A，两极板间初始距离为 δ_0，以空气为介质时，电容量 C_0 为 $C_0 = \varepsilon A / \delta_0$。当间隙 δ_0 减小 $\Delta\delta$ 变为 δ 时(设 $\Delta\delta \ll \delta_0$)，电容 C_0 增加 ΔC 变为 C，即

$$C = C_0 + \Delta C = \frac{\varepsilon A}{\delta_0 - \Delta\delta} = \frac{C_0}{1 - \Delta\delta/\delta_0} \tag{5-2}$$

电容 C 与间隙 δ 之间的变化特性如图 5-6 所示。

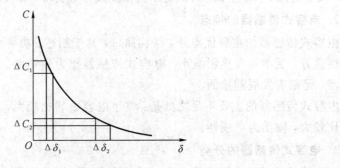

图 5-6　C-δ 特性曲线图

电容式传感器的灵敏度用 K 表示，其计算公式为

$$K = \frac{dC}{d\delta} = \frac{\varepsilon A}{\delta^2} \qquad (5-3)$$

在实际应用时，为了改善其非线性，提高灵敏度和减小外界的影响，通常采用图 5 - 5 (c) 所示的差分式结构。这种差分式传感器与非差分式的相比，灵敏度可提高一倍，并且非线性误差可大大降低。差分式电容式传感器的灵敏度计算公式为

$$K_{(差)} = \frac{\Delta C}{C} = 2 \frac{\Delta \delta}{\delta}$$

常用的变极距型电容式传感器有空气介质的变极距型电容式传感器、差动变极距型电容式传感器和具有部分固体介质的变极距型电容式传感器。

1. 空气介质的变极距型电容式传感器

空气介质的变极距型电容式传感器保持两极板遮盖面积和极板间的空气介质不变，而使极距 d 随被测量而改变。图 5 - 7 所示为变极距型电容式传感器的工作原理图。

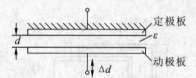

图 5 - 7　变极距型电容式传感器

变极距型电容式传感器的两极板中，定极板是固定不变的，当动极板随被测量的变化而移动时，就改变了两极板间的极距 d，从而使电容量发生变化。

2. 差动变极距型电容式传感器

在实际应用中，为了提高传感器的灵敏度，常常将传感器做成差动结构。差动变极距型电容式传感器如图 5 - 8 所示，共有三片极板，中间一片为动极板，两边的两片为定极板。

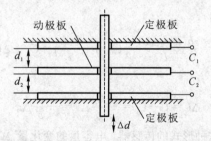

图 5 - 8　差动变极距型电容式传感器

起始时，动极板与两定极板的极距相等，即 $d_1 = d_2 = d_0$，起始电容量 $C_1 = C_2 = C_0$。当动极板移动距离 Δd 后，一边的极距变为 $d_1 = d_0 - \Delta d$，另一边的极距则变为 $d_2 = d_0 + \Delta d$，从而使电容量发生变化。

3. 具有部分固体介质的变极距型电容式传感器

由上述分析知，减小极距 d 可使电容量加大，从而使灵敏度提高，但 d 过小容易引起电容击穿。为此，可以在极板间放置一层固体介质来改善电容式传感器的特性，如图 5 - 9

所示。

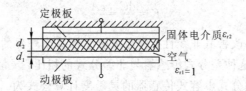

图 5 - 9　具有部分固体介质的变极距型电容式传感器

（三）变面积型电容式传感器

变面积型电容式传感器保持极距 d 和极板间介质不变，而使两极板遮盖面积随被测量改变。变面积型电容式传感器有多种结构。

图 5 - 10 所示是直线位移结构变面积型电容式传感器的工作原理图。设起始时两极板完全覆盖。极板面积 $S=ab$，当其中一块沿 x 方向移动时，覆盖面积就发生变化，电容量 C 也随之改变。

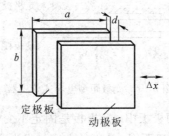

图 5 - 10　直线位移结构变面积型电容式传感器

当位移 $\Delta x=0$ 时，起始电容量为

$$C_0=\frac{\varepsilon ba}{d} \tag{5-4}$$

当位移 $\Delta x\neq 0$ 时，电容量为

$$C=\frac{\varepsilon b(a-\Delta x)}{d}=C_0\left(1-\frac{\Delta x}{a}\right)=C_0+\Delta C \tag{5-5}$$

电容量的变化量为

$$\Delta C=C-C_0=-\frac{C_0}{a}\Delta x=-\frac{\varepsilon b}{d}\Delta x \tag{5-6}$$

由式(5-6)可见，对于这种形式的传感器，电容量的变化量 ΔC 与位移 Δx 呈线性关系。

传感器的灵敏度 K 为

$$K=\frac{\Delta C}{\Delta x}=-\frac{C_0}{a}=-\frac{\varepsilon b}{d} \tag{5-7}$$

由式(5-7)可见，这种形式的电容式传感器的灵敏度为常数。增大起始电容量 C_0，亦即增大 b 或减小 d，皆可提高传感器的灵敏度。但是，在实际情况下，b 值的增大要受结构的限制，而 d 值的减小要受电场强度的限制，故传感器的灵敏度不高。

变面积型电容式传感器也可做成差动结构。图 5 - 11 所示为圆筒形极片的差动变面积型电容式传感器，其中上、下两个圆筒是定极片，而中间圆筒为动极片。当动极片向上移动时,与上极片的遮盖面积增加,而与下极片的遮盖面积减小,两者变化的数值相等,反之亦然。差动结构的变面积型电容式传感器的灵敏度比单端结构的灵敏度提高一倍。

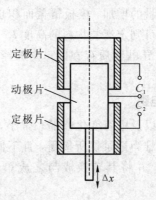

图 5-11 圆筒形极片的差动变面积型电容式传感器

(四) 变介质型电容式传感器

在两电极间加以空气以外的其他介质,当介质或介质的介电常数发生变化时,电容量也随之改变,这种类型的电容式传感器称为变介质型电容式传感器。变介质型电容式传感器还可进一步分为变介电常数型电容式传感器和介质截面积变化型电容式传感器。

变介电常数型电容式传感器的结构原理如图 5-12 所示。其中,图(a)中的两平行极板为固定板,极距为 δ_0,相对介电常数为 ε_{r2} 的电介质以不同深度插入电容器中,从而改变了两种介质极板的覆盖面积。于是传感器总的电容量 C 应等于两个电容 C_1 和 C_2 的并联之和,即

$$C=C_1+C_2=\frac{\varepsilon_0 b_0}{\delta_0}\left[\varepsilon_{r1}\left(l_0-l\right)+\varepsilon_{r2}l\right] \tag{5-8}$$

式中:l_0、b_0——极板的长度和宽度;

l——第二种介质进入极板间的长度。

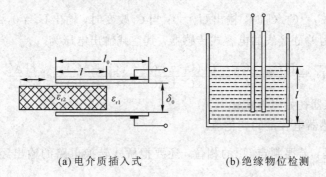

(a)电介质插入式　　　　(b)绝缘物位检测

图 5-12 变介电常数型电容式传感器

当介质 1 为空气,$l=0$ 时,传感器的初始电容 $C_0=\varepsilon_0\varepsilon_r l_0 b_0/\delta_0$;当介质 2 进入极板间 l 距离后,所引起电容的相对变化为

$$\frac{\Delta C}{C_0}=\frac{C-C_0}{C_0}=\frac{(\varepsilon_{r2}-1)l}{l_0} \tag{5-9}$$

可见,电容的变化与介质 2 的移动量 l 呈线性关系。

上述原理可用于非导电绝缘流体材料的位置测量。如图 5 - 12(b)所示,将电容器极板插入被监测的介质中,随着灌装量的增加,极板覆盖面积也随之增大,从而测出输出的电容量。根据输出电容量的大小即可判定灌装物料的高度 l。

需要说明的是,当极板间有导电物质存在时,应选择电极表面涂有绝缘层的传感器件,以防止电极间短路。

(五)电容式传感器的测量电路

在电容式传感器中,电容值以及电容变化值都非常小,这样微小的电容量还不能直接为目前的显示仪表所显示,也很难为记录仪所接受,且不便于传输。因此必须借助于测量电路检测出这一微小电容增量,并将其转换成与之成单值函数关系的电压、电流或者频率。

常见的测量电路有交流电桥电路、调频电路、脉冲宽度调制电路等。

1. 交流电桥电路

用于电容式传感器的交流电桥电路如图 5 - 13 所示。

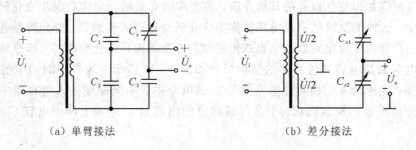

(a) 单臂接法　　　　　　　　(b) 差分接法

图 5 - 13　电容式传感器桥式转换电路

图 5 - 13(a)为单臂接法的桥式测量电路,电路中高频电源经变压器接到电容电桥的一条对角线上,电容 C_1、C_2、C_3、C_x 构成电桥电路的 4 个桥臂,C_x 为电容式传感器。当交流电桥平衡,即 $C_1/C_2 = C_x/C_3$ 时,输出 $\dot{U}_o = 0$;当 C_x 改变时,输出 $\dot{U}_o \neq 0$,就会有电压输出。

图 5 - 13(b)为差分接法的电容式传感器,其空载输出电压为

$$\dot{U}_o = \frac{\dot{U}}{2}\frac{C_{x1} - C_{x2}}{C_{x1} + C_{x2}} = \frac{\dot{U}}{2}\frac{(C_0 \pm \Delta C) - (C_0 \mp \Delta C)}{(C_0 \pm \Delta C) + (C_0 \mp \Delta C)} = \pm\frac{\dot{U}}{2}\frac{\Delta C}{C_0} \qquad (5 - 10)$$

式中:C_0——传感器初始电容值;

　　　ΔC——传感器电容量的变化值。

需要说明的是,若要判定 $\dot{U}_o$ 的相位,还要把桥式转换电路的输出经相敏检波电路进行处理。

2. 调频电路

图 5 - 14 所示为电容式传感器的调频电路图,其中图(a)为调频电路框图,图(b)为调频电路原理图。该电路是把电容式传感器作为 LC 振荡回路中的一部分,当电容式传感器工作时,电容 C_x 发生变化,这就使得振荡器的频率 f 发生相应的变化。由于振荡器的频率受到电容式传感器电容的调制,从而实现了电容向频率的变换,因而称之为调频电路。

调频振荡器的频率计算公式为

$$f=\frac{1}{2\pi\sqrt{LC}} \tag{5-11}$$

式中：L——振荡回路电感；

C——振荡回路总电容量（包括传感器电容 C_x、振荡回路微调电容 C_1、传感器电缆分布电容 C_i）。

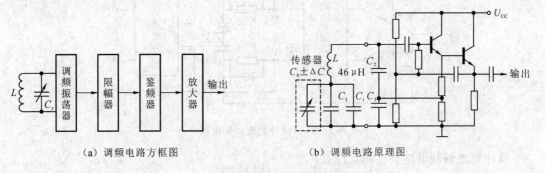

（a）调频电路方框图　　　　　　　　（b）调频电路原理图

图 5-14　电容式传感器调频电路图

振荡器输出的高频电压是一个受到被测量控制的调频波，频率的变化在鉴频器中变换为电压的变化，然后再经放大后去推动后续指示仪表工作。从电路原理上看，图 5-14（b）中 C_1 为固定电容，C_i 为寄生电容，传感器 $C_x=C_0\pm\Delta C$。设 $C=C_1+C_2+C_3+C_i+C_x$，$C_2=C_3\ll C$，那么调频振荡器的频率为

$$f=\frac{1}{2\pi\sqrt{L(C_1+C_i+C_0\pm\Delta C)}} \tag{5-12}$$

由调频电路组成的系统方框图如 5-15 所示。

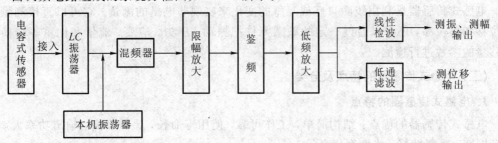

图 5-15　调频电路系统框图

3. 脉冲宽度调制电路

脉冲宽度调制电路利用对传感器电容的充、放电，使电路输出脉冲的宽度随电容式传感器电容量的变化而变化，并通过低通滤波器得到对应于被测量变化的直流信号。

脉冲宽度调制电路如图 5-16 所示。它主要由比较器 A_1 和 A_2、双稳态触发器及电容充、放电回路组成。其中，C_1、C_2 为差分电容式传感器。

当双稳态触发器的输出 Q 为高电平时，A 点通过电阻 R_1 对电容 C_1 充电。此时的输出 $\overline{Q}$ 为低电平，电容 C_2 通过二极管 V_{D2} 迅速放电，从而使 G 点被钳制在低电位，直到 F 点的电位高于参考电压 U_r 时，比较器 A_1 产生一个脉冲信号，触发双稳态触发器翻转，使 A 点

成为低电位，电容 C_1 通过二极管 V_{D1} 迅速放电，从而使 F 点被钳制在低电位。同时 B 点为高电位，经 R_2 向 C_2 充电。当 G 点电位被充至 U_r 时，比较器 A_2 就产生一个脉冲信号。双稳态触发器再翻转一次后使 A 点成为高电位，B 点成为低电压。如此周而复始，就可在双稳态触发器的两输出端各自产生一宽度受 C_1、C_2 调制的脉冲波形。

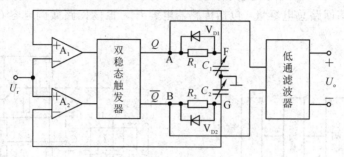

图 5-16 脉冲宽度调制电路

脉冲宽度调制电路具有如下特点：

（1）可以获得比较好的线性输出。

（2）双稳态的输出信号一般为 100 Hz～1 MHz 的矩形波，因此只需要经滤波器简单处理后即可获得直流输出，不需要专门的解调器，且效率比较高。

（3）电路采用直流电源。虽然直流电源的电压稳定性要求较高，但与高稳定度的稳频、稳幅交流电源相比，还是容易实现的。

三、电感式位移传感器

（一）电感式传感器的工作原理

电感式传感器是利用线圈自感或互感的变化来实现非电量的测量。它可以直接测量直线位移和角位移，还可以通过一定的敏感元件把振动、压力、应变、流量和比重等转换成位移量的参数进行检测。

（二）电感式传感器的特点及分类

1. 电感式传感器的特点

电感式传感器的优点：结构简单，工作可靠，使用寿命长，灵敏度高，输出功率大，测量范围宽，重复性好，线性度优良等。

电感式传感器的缺点：频率响应差，存在交流零位误差，不宜用于快速动作测量。

2. 电感式传感器的分类

根据转换原理不同，电感式传感器可分为自感式和互感式。人们习惯上讲的电感式传感器通常指的是自感式传感器。而互感式传感器是利用变压器原理，又往往做成差动式，故常称为差动变压器式传感器。

（三）自感式传感器

根据结构形式不同，自感式传感器可分为变隙式和螺线管式。

1. 变隙式自感式传感器

如图 5-17 所示，变隙式自感式传感器由线圈、铁芯和衔铁三部分组成。铁芯和衔铁由导磁材料制成。在铁芯和衔铁之间有气隙，传感器的运动部分与衔铁相连。当衔铁移动时，气隙厚度 δ 发生改变，引起磁路中的磁阻发生变化，从而导致电感线圈的电感值变化，因此只要能测出这种电感量的变化，就能确定衔铁位移量的大小和方向。

为了减小非线性误差，实际测量中广泛采用差动变隙式电感传感器，如图 5-18 所示。

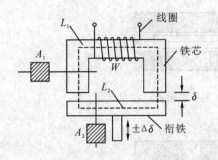
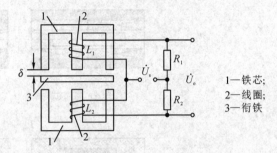

1—铁芯;
2—线圈;
3—衔铁

图 5-17　变隙式自感式传感器工作原理图　　　　图 5-18　差动变隙式电感传感器原理图

差动式与单线圈式相比具有如下优点：① 差动变隙式电感传感器的灵敏度是单线圈式的两倍；② 差动式的线性度得到明显改善。

2. 螺线管式自感式传感器

螺线管式自感式传感器也通常采用差动式。优点是结构简单，装配容易，自由行程大，示值范围宽；缺点是灵敏度低，易受外部磁场干扰。

(四) 互感式传感器

把被测非电量的变化转换为线圈互感变化的传感器称为互感式传感器。这种传感器是根据变压器的基本原理制成的，并且次级绕组用差动形式连接，故称为差动变压器式传感器。差动变压器式传感器的结构形式有变隙式、变面积式和螺线管式等。

在非电量测量中，应用最多的是螺管型差动变压器，它可以测量 1 mm～100 mm 的机械位移，并具有测量精度高、灵敏度高、结构简单、性能可靠等优点。

1. 螺管型差动变压器的结构

螺管型差动变压器主要由一个圆筒形螺管线圈和一个衔铁组成，最基本的结构如图 5-19 所示。在圆筒形框架中间绕有一组线圈 1 作为初级线圈，在框架两端对称地绕两组线圈 2、3 作为次级线圈，两组次级线圈的结构尺寸和电气参数完全相同，并反向串接。在框架中心的圆柱孔中插入圆柱形衔铁 4。

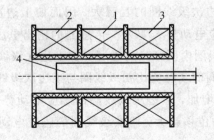

1—初级线圈；2、3—次级线圈；4—衔铁
图 5-19　螺管型差动变压器

螺管型差动变压器有多种结构。按线圈绕组排列方式的不同，可分为如图 5 - 20 所示的二节式、三节式、四节式、五节式等类型。通常采用的是二节式和三节式两种类型，其中二节式灵敏度较高，三节式零点残余电压较小。

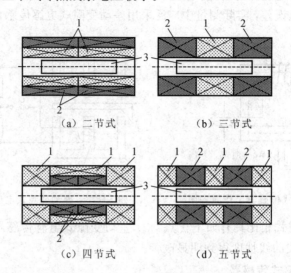

（a）二节式　　　（b）三节式

（c）四节式　　　（d）五节式

1—初级线圈；2—次级线圈；3—衔铁

图 5 - 20　螺管型差动变压器的结构

差动变压器外面有导磁外壳，导磁外壳的功能是提供闭合磁回路和进行磁屏蔽与机械保护。导磁外壳与铁芯通常选用电阻率大、导磁率高、饱和磁感应强度大的同种材料制成。线圈架通常是由绝缘材料制成的圆筒形，对其材料的主要要求是高频损耗小、抗潮湿、温度膨胀系数小等。

2. 差动变压器的工作原理

图 5 - 21 所示为差动变压器的原理图。当在初级线圈 P 中加以适当频率的激励电源电压 u_1 时，根据变压器的原理，在两个次级线圈 S_1、S_2 中就会产生感应电动势 e_{21}、e_{22}。当衔铁 C 处于中间位置时，两个次级线圈内所穿过的磁通相等，所以初级线圈与两个次级线圈的互感相等，两个次级线圈产生的感应电动势也就相等。由于两个次级线圈是反向串接的，因而传感器的输出电压 $u_2 = e_{21} - e_{22} = 0$。当衔铁向上移动时，在上边次级线圈内所穿过的磁通要比下边次级线圈内所穿过的磁通多，所以初级线圈与上边次级线圈的互感要比初级线圈与下边次级线圈的互感大，因而使上边次级线圈的感应电动势 e_{21} 增加，下边次级线圈的感应电动势 e_{22} 减小，传感器的输出电压 $u_2 = e_{21} - e_{22} > 0$。当衔铁向下移动时，在下边次级线圈内所穿过的磁通要比上边次级线圈内所穿过的磁通多，所以初级线圈与下边次级线圈的互感要比初级线圈与上边次级线圈的互感大，因而使下边次级线圈的感应电动势 e_{22} 增加，上边次级线圈的感应电动势 e_{21} 减小，传感器的输出电压 $u_2 = e_{21} - e_{22} < 0$。衔铁的位移越大，两次级线圈的感应电动势的差值就越大，输出电压的幅值也就越大。

差动变压器的输出电压值 u_2 与衔铁位移 x 的关系具有 V 形特性，如图 5 - 22 所示。如果以适当方法测量 u_2，就可以得到反映位移 x 大小的量值。

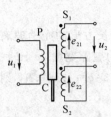
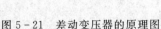
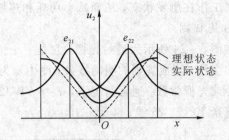

图 5-21　差动变压器的原理图　　　　图 5-22　输出电压值 u_2 与衔铁位移 x 的关系

当衔铁位于中心位置时，差动变压器的输出电压并不等于零，我们把差动变压器在零位移时的输出电压称为零点残余电压，记作 ΔU_0。它的存在使传感器的输出特性不经过零点，造成实际特性与理论特性不完全一致。

四、光栅式位移传感器

（一）光栅传感器的结构和类型

1. 光栅传感器的结构

光栅传感器是根据莫尔条纹原理制成的一种计量光栅，多用于测量位移及与位移相关的物理量，如速度、加速度、振动、质量、表面轮廓等。光栅传感器的基本结构如图 5-23 所示，主要由光源、透镜、光栅副（主光栅和指示光栅）和光电元件组成。当主光栅相对于指示光栅移动时，将形成亮暗交替变化的莫尔条纹。利用光电接收元件将莫尔条纹亮暗变化的光信号转换成电脉冲信号，并用数字显示，便可测量出主光栅的移动距离。

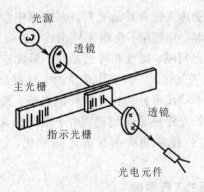

图 5-23　光栅传感器的基本结构

1）光栅传感器的光源

钨丝灯泡的输出功率较大，工作范围较宽，一般为 $-40℃ \sim +130℃$，但是它与光电元件相结合时的转换效率低。在机械振动和冲击条件下工作时，使用寿命将降低。因此必须定期更换照明灯泡以防止由于灯泡失效而造成的失误。

半导体发光器件转换效率高，响应快速。如砷化镓发光二极管与硅光敏三极管相结合，转换效率最高可达 30% 左右。砷化镓发光二极管的脉冲响应速度约为几十纳秒，可以使光源工作在触发状态，从而减小功耗和热耗散。

2）光栅副

如图 5-24 所示为透射光栅，它是一个长光栅，在一块长方形的光学玻璃上均匀地刻上许多条纹，形成规则的明暗线条。图中 a 为刻线宽度，b 为缝隙宽度，$a+b=W$ 称为光栅的栅距或光栅常数。通常情况下，$a=b=W/2$，也可以做成 $a:b=1.1:0.9$，刻线密度一般为每毫米 10 线、25 线、50 线、100 线。

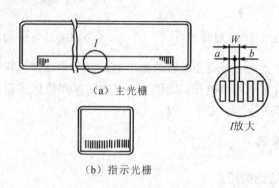

(a) 主光栅

(b) 指示光栅

图 5-24　透射光栅

指示光栅一般比主光栅短得多，通常刻有与主光栅同样密度的线纹。

3）光电元件

光电元件包括光电池和光敏三极管等部分。在采用固态光源时，需要选用敏感波长与光源相接近的光敏元件，以获得高的转换效率。在光敏元件的输出端，常接有放大器，通过放大器得到足够的信号输出，以防干扰的影响。

2. 光栅传感器的类型

光栅种类很多，可分为物理光栅和计量光栅。而检测中常用计量光栅。计量光栅可分为透射式和反射式，均由光源、光栅副、光敏元件构成。透射式光栅一般是用光学玻璃作为基体，在其上均匀地刻划出间隔、宽度相等的条纹，形成连续的透光区和不透光区。反射式光栅一般使用不锈钢作为基体，在其上用化学的方法制出黑白相间的条纹，形成反光区和不反光区。计量光栅按形状还可分为长光栅和圆光栅。长光栅用于直线位移测量，圆光栅用于角位移测量。无论长光栅还是圆光栅，由于刻线很密，如果不进行光学放大，则不能直接用光敏元件来测量光栅移动所引起的光强变化，故必须采用莫尔条纹来放大栅距。

（二）光栅式位移传感器的工作原理

1. 工作原理

光栅式位移传感器的工作原理图如图 5-25 所示。把两块栅距相等的光栅（光栅 1、光栅 2）叠合在一起，中间留有很小的间隙，并使两者的栅线之间形成一个很小的夹角 θ，这样就可以看到在近于垂直栅线方向上出现明暗相间的条纹，这些条纹叫莫尔条纹。在 $d-d$ 线上，两块光栅的栅线重合，透光面积最大，形成条纹的亮带，它是由一系列四棱形图案构成的；在 $f-f$ 线上，两块光栅的栅线错开，形成条纹的暗带，它是由一些黑色叉线图案组成的。因此莫尔条纹的形成是由两块光栅的遮光和透光效应形成的。

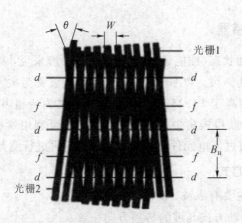

图 5-25　光栅式位移传感器的工作原理

2. 辨向与细分

光栅读数头实现了将位移由非电量转换为电量。由于位移是向量，因而对位移的测量除了确定大小之外，还应确定其方向。为了辨别位移的方向，进一步提高测量的精度，以及实现数字显示，必须把光栅读数头的输出信号送入数显表做进一步的处理。

光栅数显表由整形放大电路、细分电路、辨向电路及数字显示电路等组成。为了能够辨向，需要有相位差为 $\pi/2$ 的两个电信号。在相隔 $B_H/4$ 间距的位置上，放置两个光电元件 1 和 2，得到两个相位差 $\pi/2$ 的电信号 u_1 和 u_2，如图 5-26 所示，经过整形后得到两个方波信号 u_1' 和 u_2'。当光栅沿某一方向移动时，u_1' 经微分电路后产生的脉冲正好发生在 u_2' 的 1 电平，从而经 Y_1 输出一个计数脉冲；而 u_1' 经反相并微分后产生的脉冲则与 u_2' 的 0 电平相遇，与门 Y_2 被阻塞，无脉冲输出。在光栅沿另一方向移动时，u_1' 的微分脉冲发生在 u_2' 为 0 电平时，与门 Y_1 无脉冲输出；而 u_1' 的反相微分脉冲则发生在 u_2' 的 1 电平时，与门 Y_2 输出一个计数脉冲。u_2' 的电平状态作为与门的控制信号，来控制在不同的移动方向时 u_1' 所产生的脉冲输出。这样就可以根据运动方向正确地给出加计数脉冲或减计数脉冲，再将其输入可逆计数器，实时显示出相对于某个参考点的位移量。前面以移过的莫尔条纹的数量来确定位移量，其分辨率为光栅栅距。为了提高分辨率和测量比栅距更小的位移量，可采用细分技术。所谓细分，就是在莫尔条纹信号变化一个周期内，发出若干个脉冲，以减小脉冲当量，如一个周期内发出 n 个脉冲，即可使测量精度提高到 n 倍，而每个脉冲相当于原来栅距的 $1/n$。细分方法有机械细分和电子细分两类。

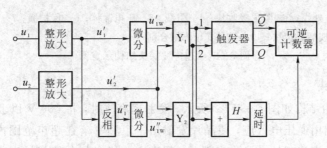

图 5-26　光栅数显表结构框图

五、超声波式位移传感器

声波是物体机械振动状态（或能量）的传播形式，一般来说，频率在 20 Hz～20 000 Hz 的机械波能被人耳感知为声波，频率低于 20 Hz 的机械波称为次声波，频率高于 20 000 Hz 的机械波称为超声波，而高于 100 MHz 的机械波则称之为特超声波。由于超声波具有方向性好、穿透能力强、易于获得较集中的声能等特性，故可利用这些物理性质，把一些非电量转换成声学参数，再通过压电元件转换成电量，然后再进行测量。

（一）超声波的传播方式

超声波的传播方式主要有纵波、横波、表面波等。

（1）纵波：质点的振动方向与波的传播方向一致。

（2）横波：质点的振动方向与波的传播方向垂直。

（3）表面波：固体的质点在固体表面的平衡位置附近做椭圆形轨迹运动。

（二）超声波的特性参数

超声波的特性参数主要指声速、波长与指向性等。

（1）声速、波长：超声波的传播速度 c 与波长 λ 及频率 f 成正比，即 $c = \lambda f$。

（2）指向性：超声波声源发出的超声波束以一定的角度逐步向外扩散，在声束横截面的中心轴线上，超声波最强，且随着扩散角度的增大而减小。

（三）超声波探头的结构

由于结构不同，超声波探头可分为直探头、斜探头、双探头、表面波探头、聚焦探头、冲水探头、水浸探头、空气传导探头以及其他专用探头等。几种常用的超声波探头结构示意图如图 5-27 所示。

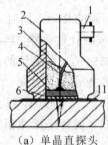 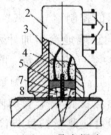 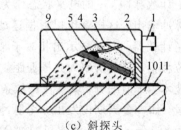

　　（a）单晶直探头　　　　　　　（b）双晶直探头　　　　　　　（c）斜探头

1—接插件；2—外壳；3—阻尼吸收块；4—引线；5—压电晶体；6—保护膜；7—隔离层；8—延迟块；9—有机玻璃斜楔块；10—试件；11—耦合剂

图 5-27　超声波探头结构示意图

1. 单晶直探头

单晶直探头的结构如图 5-27(a)所示。发射超声波时，将 500 V 以上的高压电脉冲加到压电晶片上，利用逆压电效应，使晶片发射出一束频率落在超声范围内、持续时间很短的超声振动波。超声波到达被测物底部后，超声波的绝大部分能量被底部界面所反射。反射波经过一短暂的传播时间回到压电晶片，利用压电效应，晶片将机械振动波转换成同频率的交变电荷和电压。由于衰减等原因，该电压通常只有几十毫伏，还要对其加以放大，才能在显示器上显示出该脉冲的波形和幅值。

2. 双晶直探头

双晶直探头的结构如图 5 - 27(b)所示，虽然结构复杂些，但检测精度比单晶直探头高，且超声波信号的反射和接收控制电路较单晶直探头简单。

3. 斜探头

斜探头的结构如图 5 - 27(c)所示，它的作用是为了使超声波能倾斜入射到被测介质中，可使压电晶片粘贴在与底面成一定角度（如 30°、45°等）的有机玻璃斜楔块上，当斜楔块与不同材料的被测介质（试件）接触时，超声波产生一定角度的折射，倾斜入射到试件中去。

（四）超声波测距原理

超声波测距是依据声波在空气介质中从发射到接收过程的传播时间来测出声波的传播距离。本项目使用的超声波模块是借助于测量超声脉冲回波渡越时间来实现的。设超声波脉冲由传感器发出到接收所经历的时间为 t，超声波在空气中的传播速度为 c，则从传感器到目标物体的距离 D 可用公式 $D = ct/2$ 求出。

（五）超声波传感器的其他应用

1. 超声波测厚

测量试件厚度的方法有电感测微器（分辨力可达 0.5 μm）、电涡流测厚仪（只能测 0.1 mm 以内的金属厚度）、数显电容式游标卡尺（分辨力可达 10 μm）等。超声波测厚仪与这些测厚方法相比，有量程范围大、无损、便携等优点，缺点主要是测量精度与温度及材料的材质有关。在电路上，只要在超声波从发射到接收这段时间内使计数电路计数，便可达到数字显示之目的。图 5 - 28 所示为 MX 系列超声波测厚仪外形图。

图 5 - 28　MX 系列超声波测厚仪外形图

2. 超声波测量液位

超声波液位计的原理图如图 5 - 29 所示。在被测液体的上方安装一个空气传导型的超声波发射器和接收器（即超声波探头），根据超声波脉冲反射原理和超声波的往返时间就可测得液体的液面高度。如果液面晃动，则会因为反射波散射而使接收困难，因此可用直管将超声波的传播路径限定在某一小的空间内。另外，由于空气中的声速随温度变化而变化，这样会造成由于温度变化带来的测量误差，通常称之为"温漂"，因此可在超声波的传播路径中设置一个反射性良好的小板作为标准参照物，随时标定测量环境中超声波的速度，以便修正温度变化造成的测量误差。

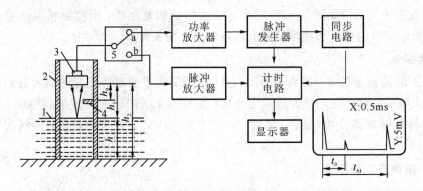

1—液面；2—直管；3—超声波探头；4—反射挡板

图 5 - 29　超声波液位计原理图

3. 超声波探伤

对高频超声波，由于它的波长短，不易产生绕射，故碰到杂质或分界面时就会有明显的反射，而且方向性好，能成为射线而定向传播。另外，高频超声波在液体、固体中传播时衰减小，穿透本领大。这些特性使得超声波成为无损探伤方面的重要工具。

1）穿透法探伤

穿透法探伤是根据超声波穿透工件后的能量变化状况，来判别工件内部质量的方法。穿透法将两个探头置于工件相对面，一个发射超声波，一个接收超声波。发射波可以是连续波，也可以是脉冲波。穿透法探伤的工作原理如图 5 - 30 所示。

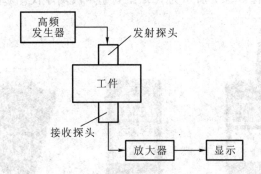

图 5 - 30　穿透法探伤工作原理

在探测中，当工件内无缺陷时，接收能量大，仪表指示值大；当工件内有缺陷时，因部分能量被反射，接收能量小，仪表指示值小。根据这个变化，就可以把工件内部缺陷检测出来。

2）反射法探伤

反射法探伤是依超声波在工件中反射情况的不同来探测缺陷的方法。下面以纵波一次脉冲反射为例来说明检测原理。反射法探伤的工作原理如图 5 - 31 所示。

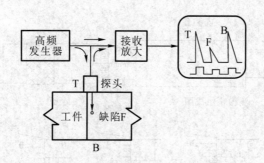

图 5-31　反射法探伤工作原理

　　高频发生器产生的脉冲(发射波)加在探头上,激励压电晶体振荡,使之产生超声波。超声波以一定的速度向工件内部传播。一部分超声波遇到缺陷 F 时反射回来;另一部分超声波继续传至工件底面 B,也反射回来。由缺陷及底面反射回来的超声波被探头接收时,又变为电脉冲。发射波 T、缺陷波 F 及底波 B 经放大后,在显示器荧光屏上显示出来。荧光屏上的水平亮线为扫描线(时间基准),其长度与时间成正比。由发射波、缺陷波及底波在扫描线的位置,可求出缺陷的位置。由缺陷波的幅度,可判断缺陷的大小;由缺陷波的形状,可分析缺陷的性质。当缺陷面积大于声束截面时,声波全部由缺陷处反射回来,荧光屏上只有 T、F 波,没有 B 波。当工件无缺陷时,荧光屏上只有 T、B 波,没有 F 波。

【技能训练】

电容式传感器的位移测量

(一)实训目的

了解电容式传感器的结构、特点及其测量位移的基本原理。

(二)实训器材

实训所需的器材如表 5-1 所示。

表 5-1　实 训 器 材

序号	实训器材	数量	序号	实训器材	数量
1	计算机	1	6	主板 F/V 表	1
2	机头静态位移安装架	1	7	电容	2
3	传感器输入插座	1	8	电容变换器	1
4	电容式传感器	1	9	差动放大器	1
5	测微头	1			

(三)实训操作

1. 测微头的组成与使用

测微头的读数如图 5-32 所示。

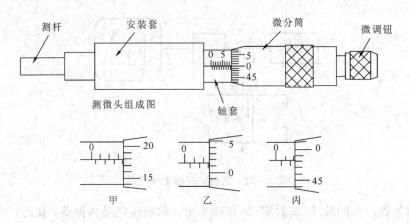

图 5-32　测微头的组成与读数

1）测微头的组成

测微头由不可动部分中的安装套、轴套和可动部分中的测杆、微分筒、微调钮组成。

2）测微头的读数与使用

测微头的安装套便于在支架座上固定安装，轴套上的主尺有两排刻度线，标有数字的是整毫米刻线（1 mm/格），另一排是半毫米刻线（0.5 mm/格）；微分筒前部圆周表面上刻有 50 等分的刻线（0.01 mm/格）。

用手旋转微分筒或微调钮时，测杆就沿轴线方向进退。微分筒每转过 1 格，测杆沿轴方向移动微小位移 0.01 mm，这也叫测微头的分度值。

测微头的读数方法是先读轴套主尺上露出的刻度数值，注意半毫米刻线；再读与主尺横线对准微分筒上的数值，可以估读 1/10 分度，如图 5-32 甲读数为 3.678 mm，不是 3.178 mm；遇到微分筒边缘前端与主尺上某条刻线重合时，应看微分筒的示值是否过零，如图 5-32 乙已过零则读 2.514 mm；如图 5-32 丙未过零，则不应读为 2 mm，读数应为 1.980 mm。

一般测微头在使用前，首先转动微分筒到 10 mm 处（为了保留测杆轴向前、后位移的余量），再将测微头轴套上的主尺横线面向自己安装到专用支架座上，移动测微头的安装套（测微头整体移动）使测杆与被测体连接并使被测体处于合适位置（视具体实验而定）时再拧紧支架座上的紧固螺钉。当转动测微头的微分筒时，被测体就会随测杆发生位移。

2. 实验步骤

1）差动放大器调零

按图 5-33 所示接线。将 F/V 表的量程切换开关切换到 2 V 挡，合上实验箱主电源开关，将差动放大器的拨动开关拨到"开"位置，将差动放大器的增益电位器按顺时针方向轻轻转到底后再逆向回转半圈，调节调零电位器，使电压表显示电压为零。再关闭主电源。

2）位移测量系统电路调整

将电容式传感器安装在机头的静态位移安装架上（传感器动极片连接杆的标记刻度线朝上方）并将引线插头插入传感器输入插座内，如图 5-34 机头部分所示。再按主板部分的接线示意图接线，将 F/V 表的量程切换开关切换到 20 V 挡，检查接线无误后，合上主电源开关，将电容变换器的拨动开关拨到"开"位置并将电容变换器的增益顺时针方向慢慢转到底再反方向回转半圈。

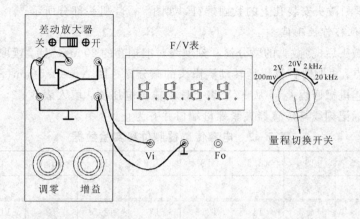

图 5 - 33　差动放大器调零接线图

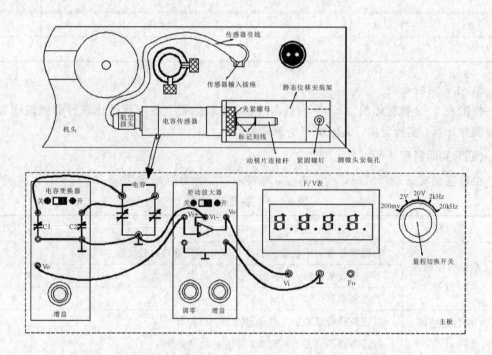

图 5 - 34　电容式传感器位移测量系统电路调整安装、接线图

拉出(向右慢慢拉)传感器动极片连接杆,使连接杆上的第二根标记刻线与夹紧螺母处的端口并齐,调节差动放大器的增益旋钮,使电压表显示绝对值为 1 V 左右;推进(向左慢慢推)传感器动极片连接杆,使连接杆上的第一根标记刻线与夹紧螺母处的端口并齐,调节差动放大器的调零旋钮(零电平迁移),使电压表反方向显示值为 1 V 左右。重复这一过程,最终使传感器的两条标记刻线(传感器的位移行程范围)对应于差动放大器的输出为 ±1 V 左右。

3) 安装测微头

首先调节测微头的微分筒,使微分筒的 0 刻度线对准轴套的 20 mm 处,再将测微头的安装套插入静态位移安装架的测微头安装孔内并使测微头测杆与传感器的动极片连接杆吸合;然后移动测微头的安装套,使传感器连杆上的第二根标记刻线与传感器夹紧螺母端口并齐,之后拧紧测微头安装孔上的紧固螺钉,如图 5－34 机头部分所示。

4) 传感器位移特性测试

安装好测微头后(测微头的微分筒 0 刻度线对准轴套的 20 mm 处),读取电压表显示的电压值为起始点,再顺时针慢慢地转动测微头的微分筒一圈 $\Delta x = 0.5$ mm(不能转动过量,否则回转会引起机械回程差),从 F/V 表上读出输出电压值,填入表 5－2,直到传感器连杆上的第一根标记刻线与传感器夹紧螺母端口并齐为止。

表 5－2　电容传感器测位移实验数据

x/mm	19.5	19	18.5	18	17.5	17	16.5	16	15.5
U/V									
x/mm	15	14.5	14	13.5	13	12.5	12	11.5	11
U/V									
x/mm	10.5	10	3.5	3	2.5	2	1.5	1	
U/V									

5) 作出实验曲线

根据表 5－2 数据作出 Δx－U 实验曲线,在实验曲线上截取线性比较好的线段作为测量范围并计算。实验完毕,关闭所有电源开关。

(四) 实训考核

根据完成实训综合情况,给予考核,考核内容及评分标准见表 5－3。

表 5－3　实训考核表

考核内容	评分标准	小计
(1) 信息收集能力 (10 分)	能根据任务要求收集位移传感器的相关资料,不扣分	
	不主动收集资料,扣 4 分	
	不收集资料,扣 10 分	
(2) 项目的原理 (15 分)	叙述位移传感器的工作原理准确,不扣分	
	叙述条理不清楚、不准确,每错一处扣 2 分	
(3) 具体操作 (20 分)	接线正确、数据记录完整,不扣分	
	接线正确、数据记录不完整,扣 5 分	
	接线不正确,扣 10 分	
(4) 数据处理 (10 分)	数据处理正确,不扣分	
	数据处理方法正确,但结果不对,扣 5 分	
	数据处理方法不对,扣 10 分	
(5) 汇报表达能力 (10 分)	表达完整,条理清楚,不扣分	
	表达虽不够完整,但条理清楚,扣 4 分	
	表达不完整,条理不清楚,扣 8 分	

续表

考核内容		评分标准	小计
(6)素质 (35分)	基本素质 (15分)	考勤(10分)：出全勤，不迟到，不早退，不扣分	
		考勤(10分)：不能按时上课，每迟到或早退一次扣3分	
		学习态度(5分)：学习认真，及时预习复习，不扣分	
		学习态度(5分)：学习不认真，不能按要求完成任务，扣3分	
	专业素质 (20分)	实训报告(10分)：按时、完整、正确地完成实训报告，不扣分	
		实训报告(10分)：按时完成实训报告，虽不完整但正确，扣3分	
		实训报告(10分)：不能按时完成实训报告，不完整、有错误，扣6分	
		团结协作意识(4分)：能团结同学，互相交流、分工协作完成任务，不扣分	
		安全意识(6分)：安全、规范操作，不扣分	
总　成　绩			

任务二　汽车倒车雷达系统的设计与分析

［任务目标］

以基于单片机 AT89C52 的汽车倒车雷达系统为例，理解超声波测距的基本原理，理解倒车雷达系统的结构组成、硬件电路设计及软件设计。

［知识链接］

基于超声波测距的汽车倒车雷达系统是在了解超声波测距原理以及 51 单片机基本原理的基础上提出并实现的。该系统工作时，在单片机控制下超声波传感器发出脉冲信号，超声波在传播过程中遇到障碍物后反射，反射波由超声波接收装置接收后送至 51 单片机处理，从而实现汽车倒车过程中障碍物的实时监测并通过显示屏以及警报器提醒驾驶员。

本系统是以 AT89C52 单片机作为主控模块，以超声波发射接收模块构成传感器模块，另外还包括 LCD 显示模块和蜂鸣器报警模块等硬件系统以及软件程序。传感器模块采用 HC‐SR04 超声波模块对障碍物进行检测，AT89C52 单片机作为主控制器，LCD1602 作为显示输出。因此倒车雷达系统主要由单片机主控制器、超声波测距模块、复位电路、晶振电路、显示模块和报警模块组成，如图 5‐35 所示。

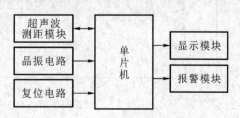

图 5‐35　倒车雷达系统的组成

　　该系统由 AT89C52 单片机向 HC-SR04 超声波测距模块发送启动信号,同时接收其返回信号,由单片机内部时钟记录返回信号持续时间并计算出距离,将所测距离送至 LCD1602 显示,同时与系统距离阈值进行比较,如果小于阈值则通过蜂鸣器报警。

一、系统硬件设计

　　超声波测距传感器采用 HC-SR04 超声波模块实现。该模块工作电压为 5 V,静态工作电流小于 2 mA,工作的时候可以比较稳定;而且它的感应角度不大于 15°,可以减少很大一部分角度干扰的问题;能提供 2 cm～500 cm 的非接触式距离感测功能,测距精度可达到 3 mm,盲区仅仅为 2 cm,测距稳定。模块包括超声波发射器、接收器,以及控制电路。HC-SR04 超声波模块实物图如图 5-36 所示,电路原理图如图 5-37 所示。

图 5-36　HC-SR04 超声波模块

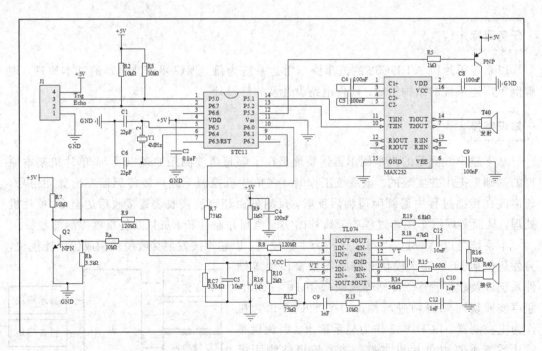

图 5-37　HC-SR04 超声波模块电路原理图

　　HC-SR04 超声波模块的具体使用方法如下：通过 I/O 端口触发，给 Trig 端口至少 10 μs 的高电平，启动测量；模块自动发送 8 个 40 kHz 的方波并随时检测是否有信号返回，若有信号返回，则通过 Echo 端口输出一个高电平，高电平持续的时间就是超声波从发射到返回的时间，测试距离=(高电平时间×340)/2，单位为 m。

　　倒车雷达系统硬件电路原理图如图 5-38 所示。

　　(1) 晶振电路：本电路采用了最常用的内部时钟方式，即用外接晶体和电容组成的并联谐振回路。晶振可在 1.2 MHz～12 MHz 之间选择。电容值无严格要求，但电容取值对振荡频率输出的稳定性、大小、振荡电路起振速度有少许影响，C1、C2 可在 20 pF 到 100 pF 之间取值。所以本设计中，晶振选择 12 MHz，电容选择 47 pF。

　　(2) 复位电路：复位方法有上电自动复位和手动复位两种，单片机在时钟电路工作以后，在 RST 端持续给出 2 个机器周期的高电平时就可以完成复位操作。例如当晶振频率为 12 MHz 时，复位信号持续时间应不小于 2 μs。本设计采用的是上电自动复位电路。

　　(3) 显示模块：距离显示采用 4 位共阳极数码管进行动态扫描，此扫描方式能完全达到显示要求。

　　(4) 报警模块：报警电路通过单片机点亮 LED 二极管和蜂鸣器报警。

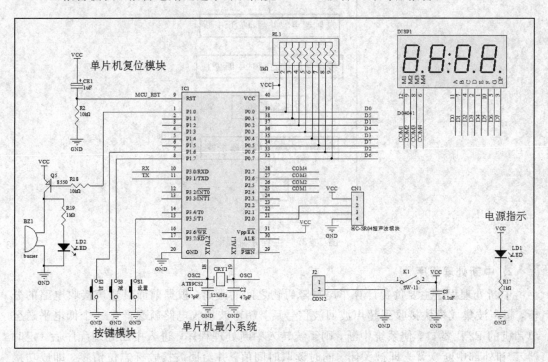

图 5-38　倒车雷达系统电路原理图

二、系统软件设计

　　程序主要由系统主程序和中断程序构成，用于完成单片机初始化、超声波的发射和接收、计算超声波发射点和障碍物之间的距离、数码管显示和 LED 灯报警等。

1. 主程序

主程序对整个单片机系统进行初始化后，先将超声波的回波接收标志位重置并且单片机 P2.0 端口输出一个低电平用来启动超声波发射电路，同时将定时器 T₀ 启动，接着调用距离计算子程序，根据定时器 T₀ 记录的时间计算出所需测量的距离；然后再调用显示子程序，将测出的距离以十进制数的形式送到数码管显示，同时调用声音处理程序来控制 LED 灯进行报警；最后主程序通过对回波信号的接收，完成后续工作。假如标志位置零则说明接收到了回波信号，那么主程序就返回到初始端重新将回波接收标志位置零并且在单片机 P2.0 端口上发送低电平到超声波发射电路，就这样连续不断地循环来实现测距。主程序流程图如图 5-39 所示。

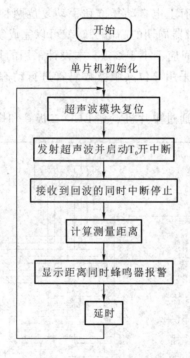

图 5-39   主程序流程图

2. 中断处理程序

中断处理程序主要负责计算车尾与障碍物之间的距离。根据前面对超声接收电路的分析，超声波集成模块接收到超声波回波信号后，超声波接收电路就会产生一个低电平送至单片机的 P2.1 端口，使系统中断，则系统转入中断处理程序。进入中断处理程序后，定时器 T₀ 和外部中断 0 就立即被关闭，同时读取时间值，并给回波接收标志位清零，即成功接收到回波信号。

技能训练

汽车倒车雷达系统硬件电路的安装与调试

（一）实训目的

（1）掌握超声波传感器的工作原理并能应用。

（2）掌握基于超声波传感器的汽车倒车雷达系统硬件电路的设计原理。

（二）实训器材

本实训项目所需器材如表5-4所示。

表5-4 实 训 器 材

序号	实训器材	数量	序号	元器件	数量
1	计算机	1	9	超声波集成模块 HC-SR04	1
2	万用表	1	10	电容47 pF	2
3	可调电源0 V～10 V	1	11	极性电容1 μF	1
4	焊接工具	若干	12	电容0.1 μF	3
5	AT89C52	1	13	排阻	1
6	三极管(8550)	1	14	扬声器	1
7	LED数码管(4位)	4	15	按键开关	3
8	晶振(12 MHz)	1	16	电阻	若干

（三）实训操作

电路安装完成并检查无误后，接通电源，观察电路有无异样（如元件发热等）。如果正常，可在电路前方放置遮挡物，当离遮挡物的距离不同时，LED显示不同距离的数值。可将实际距离与电路显示距离进行比较，并计算本系统的测试精度。

（四）实训考核

根据学生完成实训综合情况进行考核，考核内容及评分标准见表5-5。

表5-5 实训考核表

一考核内容	评 分 标 准		小计
（1）传感器的工作原理(10分)	叙述传感器的工作原理准确、完善，不扣分		
	叙述条理不清楚、不准确，每错一处扣1分		
（2）检测电路的工作原理(10分)	叙述检测电路的工作原理准确、完善，不扣分		
	叙述条理不清楚、不准确，每错一处扣1分		
（3）仪器仪表的使用(10分)	确定和识别一个常用电子元件的好坏，并使用仪器测量电路中一个点的信号	能准确测量信号和判断常见元件的好坏，不扣分	
		不会判断和识别常用电子元件的好坏，扣3分	
		不会使用常见测量仪器，扣3分	
（4）位移传感器的选取(15分)	对不同位移传感器进行检测(10分)	能完成位移传感器的功能检测，不扣分	
		不能完成位移传感器的功能检测，扣5分	
	选型(5分)	能根据实际情况选择位移传感器，不扣分	
		不能根据实际情况选择位移传感器，扣5分	

续表

考核内容	评 分 标 准		小计
(5) 电路安装与调试(15分)	正确安装并调试成功，不扣分		
	不能正确安装，但能找到故障原因，扣3分		
	不能正确安装，也不能找到故障原因，扣15分		
(6) 电路布局(10分)	电路布局美观、合理，无跳线和交叉线，不扣分		
	电路布局美观、合理，每处跳线和交叉线扣2分，扣完为止		
	电路布局不美观、不合理，每处跳线和交叉线扣3分，扣完为止		
(7) 素质(30分)	基本素质(10分)	考勤(5分)	不迟到，不早退，按时完成任务，不扣分	
			每迟到或早退一次扣4分，扣完为止	
		协作意识(5分)	能与同学积极进行交流、分工协作，不扣分	
	专业素质(20分)	实训报告(10分)	按时完成报告，且整洁、合理、要素齐全，不扣分	
			按时完成报告，虽不够整洁但要素齐全，扣2分	
			不能按时完成报告，且不够整洁、内容不齐全，扣6分	
		安全操作(10分)	安全、规范操作，无元件损坏，不扣分	
			元件损坏，每个扣2分，扣完为止	
总 成 绩			

项 目 小 结

通过本项目的学习，掌握如下知识重点：
(1) 常见位移传感器的组成、结构、基本特性和工作原理。
(2) 超声波测距原理。
通过本项目的学习，掌握如下实践技能：
(1) 电容式位移传感器测量位移的原理及方法。
(2) 基于单片机的汽车倒车雷达系统硬件电路的设计与仿真方法。

思 考 与 练 习

1. 电容式传感器有哪些优点和缺点？
2. 如何改善单极式变极距型电容式传感器的非线性？
3. 简述光栅传感器的工作原理。
4. 莫尔条纹的特点有哪些？
5. 超声波发生器的种类及其工作原理是什么？它们各自的特点有哪些？
6. 超声波有哪些传播特性？
7. 根据你已学过的知识，设计一个超声波探伤实用装置(画出原理框图)，并简要说明该装置探伤的工作过程。

项目六 压力传感器在数字电子秤系统中的应用

项目分析

作为一种计量手段，称重技术自古以来就被人们所重视，广泛应用于工农业生产、科研、交通、内外贸易等各个领域，与人民的生活紧密相连。随着称重传感器技术以及超大规模集成电路和微处理器的进一步发展，电子称重技术及其应用范围获得了更进一步的发展。电子秤作为常用的物体质量（重量）测量仪器，可用来确定与质量（重量）相关的物理量的大小、参数或特性。

本项目需要完成以下任务：

（1）压力传感器的选择。

（2）数字电子秤电路的设计与分析。

知识目标

（1）掌握电阻应变式传感器、压阻式传感器、压电式传感器的结构组成和工作原理。

（2）理解电子秤系统硬件电路的工作原理。

能力目标

（1）掌握电阻应变式传感器的使用方法及其测量电路的调试与应用。

（2）掌握基于单片机的数字电子秤硬件电路的设计与仿真方法。

任务一 压力传感器的选择

任务目标

本任务将学习几种压力传感器的原理、特性、参数以及部分应用电路的调试方法。

知识链接

压力传感器在电子秤中占有十分重要的地位，被喻为电子秤的心脏部件，它的性能好坏在很大程度上决定了电子秤的精确度和稳定性。通常压力传感器产生的误差约占电子秤整机误差的 $50\%\sim70\%$。在环境恶劣的条件下（如高低温、湿热），传感器所占的误差比例就更大，因此，在设计电子秤时，正确地选用压力传感器非常重要。压力传感器主要有电阻应变式传感器、压阻式传感器、压电式传感器、电容式传感器、电感式传感器等，此处主要介绍电阻应变式传感器、压阻式传感器和压电式传感器。

一、电阻应变式传感器

电阻应变式传感器的工作原理是：把电阻应变计粘贴在弹性敏感元件上，然后以适当方式组成电桥，通过电桥将力（重量）转换成电信号。

电阻应变式称重传感器包括两个主要部分：一个是弹性敏感元件，它将被测的重量转换为弹性体的应变值；另一个是电阻应变计，它作为传感元件将弹性体的应变同步地转换为电阻值的变化。电阻应变片所感受的机械应变量一般为 $10^{-6} \sim 10^{-2}$，随之而产生的电阻变化率也大约在 $10^{-6} \sim 10^{-2}$ 数量级之间，这样小的电阻变化用一般测量电阻的仪表很难测出，故必须采用一定形式的测量电路，将微小的电阻变化率转变成电压或电流的变化，才能用二次仪表显示出来。在电阻应变式称重传感器中，一般是通过桥式电路将电阻的变化转换为电压的变化。电阻应变式称重传感器的工作原理框图如图 6-1 所示。

图 6-1　电阻应变式称重传感器工作原理框图

（一）电阻应变效应

目前，电阻应变式压力传感器主要是基于金属丝的应变效应，如图 6-2 所示。

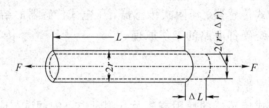

图 6-2　金属丝应变效应示意图

金属电阻丝在未受力时，原始电阻值为

$$R = \frac{\rho L}{S} \tag{6-1}$$

式中：ρ——电阻丝的电阻率；

　　　　L——电阻丝的长度；

　　　　S——电阻丝的横截面积。

当电阻丝受到拉力 F 作用时，长度将伸长 ΔL，横截面积相应减小 ΔS，电阻率改变 $\Delta \rho$，故引起电阻值的相对变化量为

$$\frac{\Delta R}{R} = \frac{\Delta L}{L} - \frac{\Delta S}{S} + \frac{\Delta \rho}{\rho} \tag{6-2}$$

式中，$\Delta L / L$ 是长度相对变化量，用金属电阻丝的轴向应变 ε 表示，其数值一般很小，表达式为

$$\varepsilon = \frac{\Delta L}{L} \tag{6-3}$$

$\Delta S/S$ 为圆形电阻丝横截面积的相对变化量。若圆形电阻丝横截面的半径为 r，则

$$\frac{\Delta S}{S}=\frac{2\Delta r}{r} \tag{6-4}$$

由材料力学可知，在弹性范围内，金属丝受拉力时，沿轴向伸长，沿径向缩短，那么轴向应变和径向应变的关系可表示为

$$\frac{2\Delta r}{r}=-\mu\frac{\Delta L}{L}=-\mu\varepsilon \tag{6-5}$$

式中，μ——电阻丝材料的泊松比。对一般金属材料而言，$\mu=0.3\sim0.5$，负号表示轴向应变和径向应变方向相反。将式(6-2)整理可得

$$\frac{\Delta R}{R}=(1+2\mu)\varepsilon+\frac{\Delta\rho}{\rho} \tag{6-6}$$

又因为

$$\frac{\Delta\rho}{\rho}=\lambda\sigma=\lambda E\varepsilon \tag{6-7}$$

式中，λ——压阻系数，与材质有关；

　　　σ——试件的应力；

　　　ε——试件的应变；

　　　E——试件材料的弹性模量。

所以

$$\frac{\Delta R}{R}=(1+2\mu+\lambda E)\varepsilon \tag{6-8}$$

根据上述特点，测量应力或应变时，由于被测对象产生微小机械变形，因此将使应变片随之发生相同的变化，同时应变片的电阻值也发生相应变化，当测得应变片电阻值的变化量 ΔR 时，便可得到被测对象的应变值。因为应力值 σ 正比于应变值 ε，而试件应变值 ε 正比于电阻值的变化，所以应力值 σ 正比于电阻值的变化，这就是利用应变片测量应力的基本原理。

(二)应变片的结构与分类

1. 应变片的结构

如图 6-3 所示，应变片主要是由金属丝栅(敏感栅)、绝缘基片、盖片、引线等组成。L 称为栅长(标距)，D 称为栅宽(基宽)，$L\times D$ 称为应变片的使用面积。应变片的规格一般以使用面积和电阻值表示，如 3 mm×20 mm，120 Ω。

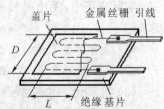

图 6-3　应变片的基本结构

应变片的敏感栅直径一般为 0.012 mm～0.05 mm，以 0.025 mm左右最为常用；基片采用厚度为 0.03 mm 左右的薄纸(称纸基)或用黏结剂和有机树脂基膜制成(称胶基)，要确保粘贴性能好，能有效地传递变形；引线多用直径为 0.15 mm～0.30 mm 的镀锡铜线与敏感栅相接。

因应变片具有制作简单、性能稳定、成本低、易粘贴等优点，所以在实际中最为常用，但因弯曲部位的变形使其横向效应较大。

2. 应变片的分类

常用的应变片可分为两类：金属电阻应变片和半导体电阻应变片。

1) 金属电阻应变片

金属电阻应变片的敏感栅有丝式、箔式和薄膜式三种。

箔式应变片中的箔栅是由厚度为 0.003 mm～0.01 mm 的康铜箔或镍铬箔经光刻、腐蚀等工艺制成的。箔式应变片可根据不同的测量要求制成不同形状的敏感栅，亦可在同一应变片上制成不同数目的敏感栅，其栅长最小可达 0.2 mm。箔式应变片与被测试件接触面积大，具有黏结性好、散热条件好、允许电流大、横向效应小、疲劳寿命长、柔性好（可贴于形状复杂的表面）、生产过程简单等优点，已逐步取代丝式应变片而得到广泛使用。它的主要缺点是电阻值的分散性大，有的会相差几十欧姆，故实际使用时需作阻值调整。

金属箔式应变片的结构如图 6-4 所示。

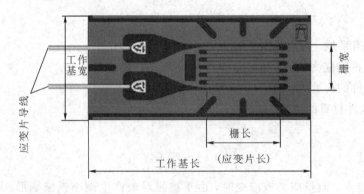

图 6-4　金属箔式应变片的结构

薄膜式应变片是薄膜技术发展的产物。它是采用真空蒸发或真空沉积等方法在薄的绝缘基片上形成厚度为 0.1 μm 以下的金属电阻材料薄膜敏感栅，最后再加上保护层，易实现工业化批量生产。它的优点是应变灵敏系数大，允许电流密度大，可在 $-197℃～+317℃$ 温度下工作；主要问题是尚难控制其电阻与温度和时间的变化关系。

实际应用中，无论哪种形式的金属电阻应变片，对敏感栅的金属材料都有以下基本要求：

(1) 灵敏系数要大，且在所测应变范围内保持不变；

(2) ρ 要大而稳定，以便于缩短敏感栅长度；

(3) 抗氧化、耐腐蚀性好，具有良好的焊接性能；

(4) 电阻温度系数要小；

(5) 机械强度高，具有优良的机械加工性能。

2) 半导体电阻应变片

半导体电阻应变片是用半导体材料制成的，其工作原理是基于半导体材料的压阻效应。所谓压阻效应，是指半导体材料在某一轴向受外力作用时，其电阻率 ρ 发生变化的现象。半导体应变片受轴向力作用时，其电阻相对变化为

$$\frac{\Delta R}{R} = (1+2\mu)\varepsilon + \frac{\Delta \rho}{\rho} = (1+2\mu+\lambda E)\varepsilon \qquad (6-9)$$

实验证明，半导体材料的 λE 比 $(1+2\mu)$ 大上百倍，所以 $(1+2\mu)$ 可以忽略，因而半导体应变片的电阻相对变化为

$$\frac{\Delta R}{R}=\lambda E\varepsilon \tag{6-10}$$

半导体应变片的突出优点是灵敏度高，比金属应变片高 50～70 倍，尺寸小，横向效应小，动态响应好。但它有温度系数大、应变时非线性比较严重等缺点。金属电阻变片与导体电阻应变片的性能对比如表 6-1 所示。

表 6-1　金属电阻应变片和半导体电阻应变片性能对比表

类型		金属电阻应变片	半导体电阻应变片
工作机理		应变效应	压阻效应
		外部的机械形变引起电阻值的变化	半导体内部载流子的迁移引起电阻值的变化
性能特点	丝式	结构简单、强度高，但允许通过的电流较小，测量精度较低，适用于测量精度要求不很高的场合	体积小，灵敏度高（通常比金属应变片的灵敏度高 50～70 倍），横向效应小，响应频率很宽，输出幅度大，受温度影响大
	箔式	面积大、易散热，允许通过较大的电流，灵敏度系数较高，抗疲劳性好，寿命长，适于大批量生产，易于小型化	

（三）应变片的参数

1. 灵敏系数

灵敏系数是指安装于试件表面的应变片在轴线方向的单向应力作用下，其阻值相对变化与试件表面上安装应变片区域的轴向应变之比，即

$$K=\frac{\Delta R/R}{\varepsilon} \tag{6-11}$$

2. 横向效应

粘贴在受单向拉伸力试件上的应变片，将直的电阻丝绕成敏感栅之后，虽然长度相同，但应变状态不同，其灵敏系数降低了，这种现象称为横向效应，如图 6-5 所示。

箔式应变片因其圆弧部分尺寸较栅丝尺寸大得多，电阻值较小，因而电阻变化量也就小得多，故能够有效减小横向效应。

3. 最大工作电流和绝缘电阻

1）最大工作电流

最大工作电流是指允许通过应变片而不影响其工作

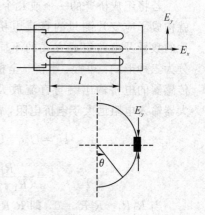

图 6-5　横向效应

的最大电流值。通常允许电流值在静态测量时约取 25 mA，动态时可高一些，箔式应变片可取更大一些。对于导热性能差的试件，例如塑料、陶瓷、玻璃等，工作电流要取小一些。

2）绝缘电阻

绝缘电阻是指应变片的引线与被测试件之间的电阻值。通常要求在 50 MΩ～100 MΩ 以上。绝缘电阻过低，会造成应变片与试件之间漏电而产生测量误差。

4．动态响应特性

1）机械滞后

应变片安装在试件上以后，在一定温度下，其 $(\Delta R/R)$-ε 的加载特性与卸载特性不重合，这种现象称为机械滞后。

2）应变极限

应变片的应变极限是指在一定温度下，应变片的指示应变 ε_i 对测试值的真实应变 ε_g 的相对误差不超过规定范围（一般为 10%）时的最大真实应变值 ε_j。

3）疲劳寿命

对于已安装好的应变片，在恒定幅值的交变力作用下，可以连续工作而不产生疲劳损坏的循环次数 N 称为应变片的疲劳寿命。

4）应变片的电阻值 R

应变片在未经安装也不受外力的情况下，在室温下测得的电阻值即为应变片的电阻值，它是使用应变片时需知道的一个特性参数。

（四）电阻应变片的测量电路

电阻应变片传感器输出电阻的变化较小，一般为 $5\times10^{-4}\ \Omega$～$10^{-1}\ \Omega$，要精确地测量出这些微小电阻的变化，常采用桥式测量电路。

1．应变片测量电路的构成

电桥是由无源电阻 R（或电感 L、电容 C）组成的四端网络，电桥的作用是将组成电桥臂的电阻 R（或电感 L、电容 C）的变化转换为电压或电流输出，如图 6-6 所示。

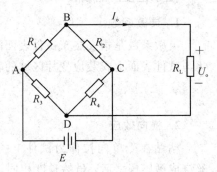

图 6-6 直流电桥

若将组成桥臂的一个或几个电阻换成电阻应变片，就构成了应变片测量的直流电桥。根据接入电阻应变片的数量及电路组成方式的不同，应变片测量电桥可分为三种形式：单臂、半桥、全桥。大部分电阻应变式传感器的电桥输出端与直流放大器相连，由于直流放大器输入电阻远大于电桥电阻，故电桥输出电压为

$$U_o=U_{BD}=U_{BA}-U_{DA}=\frac{R_1}{R_1+R_2}\cdot E-\frac{R_3}{R_3+R_4}\cdot E$$

$$=\frac{R_1R_4-R_2R_3}{(R_1+R_2)(R_3+R_4)}E \tag{6-12}$$

当 $R_1R_4-R_2R_3=0$，即 $R_1R_4=R_2R_3$ 时，$U_o=0$，电桥处于平衡状态。$R_1R_4=R_2R_3$ 称为电桥平衡条件。

注意：电桥在测量前应对其进行调零，以使工作时电桥输出电压只与应变片的电阻变化有关，为得到最大灵敏度，设定初始条件为 $R_1=R_2=R_3=R_4=R$，此时电桥称为等臂电桥。

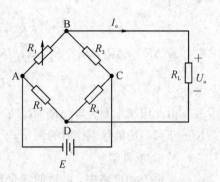

2. 应变片的工作方式

1）单臂测量电桥

单臂测量电桥中，只有一个应变片接入电桥，设 R_1 为接入的应变片，其他三个桥臂保持固定电阻不变，如图 6-7 所示。

图 6-7　单臂测量电桥

应变时，若应变片电阻 R_1 的变化为 ΔR，其他桥臂电阻固定不变，则电桥输出电压 $U_\circ \neq 0$，电桥不平衡，输出电压为

$$U_\circ = E\left(\frac{R_1+\Delta R_1}{R_1+\Delta R_1+R_2}-\frac{R_3}{R_3+R_4}\right)=E\frac{\Delta R_1 R_4}{(R_1+\Delta R_1+R_2)(R_3+R_4)}$$

$$=E\frac{\dfrac{R_4}{R_3}\dfrac{\Delta R_1}{R_1}}{\left(1+\dfrac{\Delta R_1}{R_1}+\dfrac{R_2}{R_1}\right)\left(1+\dfrac{R_4}{R_3}\right)} \tag{6-13}$$

设桥臂比 $n=\dfrac{R_2}{R_1}$，由于 $\Delta R_1 \ll R_1$，故分母中 $\dfrac{\Delta R_1}{R_1}$ 可忽略，并考虑到平衡条件 $\dfrac{R_2}{R_1}=\dfrac{R_4}{R_3}$，则上式可写为

$$U_\circ = \frac{n}{(1+n)^2}\frac{\Delta R_1}{R_1}E \tag{6-14}$$

电桥电压灵敏度 K_U 定义为

$$K_U=\frac{U_\circ}{\dfrac{\Delta R_1}{R_1}}=\frac{n}{(1+n)^2}E$$

电桥电压灵敏度 K_U 正比于电桥供电电压 E，E 越高，K_U 越高，但供电电压的提高受到应变片允许功耗的限制，所以要适当选择桥臂电阻比值 n，以保证电桥具有较高的电压灵敏度。当 E 值确定后，n 取何值时才能使 K_U 最高呢？

由 $\dfrac{\mathrm{d}K_U}{\mathrm{d}n}=0$，可得当 $n=1$ 时，K_U 取最大值。即在供桥电压 E 确定后，当 $R_1=R_2=R_3=R_4=R$ 时，电桥电压灵敏度最高，此时有

$$U_\circ=\frac{E}{4}\frac{\Delta R_1}{R_1}=\frac{E\cdot\Delta R}{4R}=\frac{E}{4}K\cdot\varepsilon$$

$$K_U=\frac{E}{4}$$

2）半桥差动（对称情况）

半桥差动电路中，在试件上安装两个相同型号的工作应变片，一个受拉应变，一个受压应变，并将其接入电桥相邻桥臂，如图 6-8 所示。

该电桥输出电压为

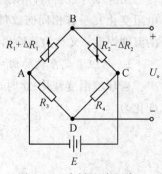

图 6-8　半桥差动电路

$$U_{\circ} = \left(\frac{\Delta R_1 + R_1}{R_1 + \Delta R_1 + R_2 - \Delta R_2} - \frac{R_3}{R_3 + R_4} \right) \cdot E \qquad (6-15)$$

若 $\Delta R_1 = \Delta R_2$，$R_1 = R_2$，$R_3 = R_4$，则

$$U_{\circ} = \frac{E}{2} \frac{\Delta R_1}{R_1} = \frac{E}{2} K \cdot \varepsilon$$

由此可知：$U_{\circ}$ 与 $\Delta R_1/R_1$ 呈线性关系，无非线性误差，而且电桥电压灵敏度 $K_U = E/2$，是单臂工作时的两倍。

3）全桥差动

全桥差动电路中，电桥的四个桥臂均接入应变片，两个受拉应变，两个受压应变，将两个应变符号相同的接入相对桥臂上，组成两对差动，如图 6-9 所示。

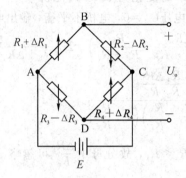

图 6-9　全桥差动电路

该电桥输出电压为

$$U_{\circ} = \frac{(R_1 + \Delta R_1)(R_4 + \Delta R_4) - (R_2 - \Delta R_2)(R_3 - \Delta R_3)}{(R_1 + \Delta R_1 + R_2 - \Delta R_2)(R_3 - \Delta R_3 + R_4 + \Delta R_4)} E \qquad (6-16)$$

由于变形程度相同，$\Delta R_1 = \Delta R_2 = \Delta R_3 = \Delta R_4$，且 $R_1 = R_2 = R_3 = R_4 = R$，则

$$U_{\circ} = E \frac{\Delta R}{R}, \; K_U = E \qquad (6-17)$$

由此可知：全桥差动电路不仅没有非线性误差，而且电压灵敏度为单臂工作时的 4 倍。

（五）应变片的温度误差及补偿

1. 应变片的温度误差

用应变片进行实际测量时，由于环境温度变化所引起的电阻变化与试件应变所造成的电阻变化几乎有相同的数量级，因此会使测量结果产生很大的误差，这种误差称为应变片的温度误差，又称为热输出。产生温度误差的主要因素有以下两个方面：

1）电阻温度系数的影响

当环境温度变化 Δt 时，若应变片敏感栅材料的电阻温度系数为 α_t，则引起的电阻相对变化为

$$\frac{\Delta R_t}{R} = \alpha_t \Delta t \qquad (6-18)$$

2）试件材料线膨胀系数的影响

当温度变化 Δt 时，因试件材料和敏感栅材料的线膨胀系数不同，应变片将产生附加拉长（或压缩），引起的电阻相对变化为

$$\frac{\Delta R_t}{R}=k\left(\alpha_{\mathrm{g}}-\alpha_{\mathrm{s}}\right)\Delta t \tag{6-19}$$

式中：k——应变片灵敏系数；

　　　α_{g}——试件膨胀系数；

　　　α_{s}——应变片敏感栅材料的膨胀系数。

因此，由于温度变化形成的总电阻相对变化为

$$\frac{\Delta R}{R}=\alpha_t\Delta t+k\left(\alpha_{\mathrm{g}}-\alpha_{\mathrm{s}}\right)\Delta t \tag{6-20}$$

相应的热输出为

$$\varepsilon_t=\frac{\left(\dfrac{\Delta R}{R}\right)}{k}=\frac{\alpha_t}{k}\Delta t+\left(\alpha_{\mathrm{g}}-\alpha_{\mathrm{s}}\right)\Delta t \tag{6-21}$$

2. 应变片的温度补偿

应变片的温度补偿主要有线路补偿法和应变片的自补偿法两大类，其中线路补偿法最常用且效果较好。

1）线路补偿法

线路补偿法又称电桥补偿法，如图 6-10 所示，工作应变片 R_1 粘贴在被测试件上，另选一个与 R_1 特性相同的补偿片 R_{B} 粘贴在与被测试件材料相同的某补偿块上，温度与试件相同，但不承受应变。

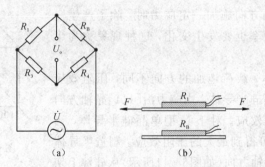

R_1—工作应变片；R_{B}—补偿应变片

图 6-10　电桥补偿法

当被测试件不承受应变时，R_1 和 R_{B} 处于同一环境温度为 t 的温度场中，调整参数使电桥达到平衡，此时有

$$U_{\mathrm{o}}=A(R_1R_4-R_{\mathrm{B}}R_3)=0 \tag{6-22}$$

式中，A 为由桥臂电阻和电源电压决定的常数。

一般按 $R_1=R_{\mathrm{B}}=R_3=R_4$ 选取桥臂电阻。当温度升高或降低 $\Delta t=t-t_0$ 时，两个应变片因温度而引起的电阻变化量相等，电桥仍处于平衡状态，即

$$U_{\mathrm{o}}=A\left[(R_1+\Delta R_{1t})R_4-(R_{\mathrm{B}}+\Delta R_{\mathrm{B}t})R_3\right]=0 \tag{6-23}$$

若此时被测试件有应变 ε 的作用，则 R_1 又有新的增量 $\Delta R_1 = R_1 K\varepsilon$，而补偿片不承受应变，故不产生新的增量，此时电桥输出电压为

$$U_\circ = A R_1 R_4 K\varepsilon \qquad (6-24)$$

可见，电桥的输出电压 $U_\circ$ 仅与被测试件的应变 ε 有关，而与环境温度无关。

实现完全温度补偿的四个条件如下：

（1）在应变工作过程中保持 $R_3 = R_4$。

（2）R_1、R_B 应该具有相同的电阻温度系数 α、线膨胀系数 β、应变灵敏系数 K、初始电阻值 R_0 等特性系数。

（3）粘贴补偿片的补偿块材料和粘贴工作片的被测试件材料必须一样，两者线膨胀系数相同。

（4）两个应变片应处于同一个温度场。

2）应变片的自补偿法

应变片的自补偿法是指利用自身具有温度补偿作用的应变片（称之为温度自补偿应变片）来补偿温度变化所引起的误差。要实现温度自补偿，必须有

$$\alpha_0 = -K_0(\beta_g - \beta_s) \qquad (6-25)$$

当被测试件的线膨胀系数 β_g 已知时，要合理选择敏感栅材料，即合理选择电阻温度系数 α_0、灵敏系数 K_0 以及线膨胀系数 β_s，使它们之间的关系满足式（6-25）。则不论温度如何变化，均有 $\Delta R_t / R_0 = 0$，从而达到温度自补偿的目的。

二、压阻式传感器

（一）压阻效应

沿半导体某一晶轴方向施加一定应力时，除了产生一定应变外，材料的电阻率也要发生变化，这种现象称为半导体的压阻效应。

不同类型的半导体，载荷施加的方向不同，压阻效应也不同。对于 P 型单晶硅半导体，当应力沿[111]晶轴方向时，可得到最大的压阻效应。对于 N 型单晶硅半导体，当应力沿[100]方向时，可得到最大的压阻效应。制造半导体应变片时，沿所需的晶轴方向（如图6-11所示）从硅锭上切出一小条，作为应变片的电阻材料。

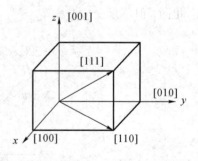

图 6-11　半导体晶轴

半导体材料的压阻效应特别强，即半导体材料在某一轴向受外力作用时，其电阻率 ρ 发生的变化较大。

1. 半导体压阻效应原理

压阻效应的微观理论是建立在半导体的能带理论基础上的，从宏观上它仍可用金属线电阻应变片方程式来描述：

$$\frac{\Delta R}{R} = (1 + 2\mu)\varepsilon + \frac{\Delta\rho}{\rho} \qquad (6-26)$$

式中符号的意义同式(6-9)。对半导体而言,式(6-26)中电阻的相对变化主要是由电阻率的相对变化(压阻效应)来决定的,即:

$$\frac{\Delta R}{R} \approx \frac{\Delta \rho}{\rho} = \pi_L \sigma = \pi_L E \varepsilon \qquad (6-27)$$

式中:π_L——压阻系数;

　　σ——应力;

　　ε——应变;

　　E——弹性模量。

(二) 压阻式传感器的结构和类型

1. 压阻式传感器的结构

压阻式传感器又称为固态压力传感器,它不同于粘贴式应变计需通过弹性敏感元件间接感受外力,而是直接通过硅膜片来感受被测压力的。

压阻式压力传感器主要由固定在硅杯上的硅膜片和外壳组成。硅膜片一般设计成周边固支的圆形,直径与厚度约为 20 mm～60 mm。硅膜片的上下有低压腔和高压腔,高压腔通入被测压力,低压腔与大气相通,检测表压力,也可以分别通入高、低压力,检测差压力。在被测压力或差压作用下,硅膜片产生应变,扩散电阻的阻值随应变而变化。传感器的外形结构因被测介质性质和测压环境而有所不同,其基本结构示意图如图 6-12 所示。

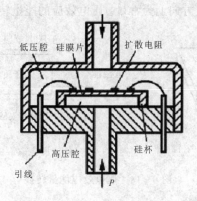

图 6-12 压阻式传感器基本结构示意图

2. 压阻式传感器的类型

压阻式传感器主要有三种不同的类型,即体型半导体、薄膜型半导体和扩散型半导体。

1) 体型半导体应变片

体型半导体应变片是一种将半导体材料硅或锗晶体按照一定方向切割成片状小条,经腐蚀压焊粘贴在基片上而成的应变片。

2) 薄膜型半导体应变片

薄膜型半导体应变片是利用真空沉淀技术,将半导体材料沉淀在带有绝缘层的试件上而制成。

3) 扩散型半导体应变片

将 P 型杂质扩散到 N 型硅单晶基底上,形成一层极薄的 P 型导电层,再通过超声波和热压焊法接上引出线就形成了扩散型半导体应变片。

三、压电式传感器

压电式传感器是一种能量转换型传感器。它既可以将机械能转换为电能，又可以将电能转换为机械能。压电式传感器是以具有压电效应的压电器件为核心组成的传感器。

（一）压电效应

某些物质（如石英晶体）受到外力作用时，几何尺寸会发生变化，同时内部会被极化，表面产生电荷；当外力去掉时，又重新回到原来的状态，这种现象称为压电效应。它属于将机械能转换为电能的一种效应。图 6 - 13 所示为压电效应示意图。

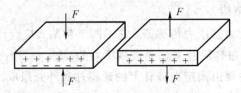

图 6 - 13　压电效应

压电效应是正压电效应和逆压电效应的总称，一般习惯上压电效应指正压电效应。其中电荷大小与外力大小成正比，极性取决于变形是压缩还是伸长，比例系数为压电常数，它与形变方向有关，在材料的确定方向上为常量。压电效应的能量转换关系如图 6 - 14 所示。

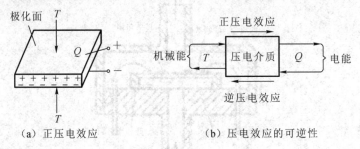

（a）正压电效应　　　　　　　　（b）压电效应的可逆性

图 6 - 14　压电效应能量转换

由物理学可知，一些离子型晶体的电介质（如石英、酒石酸钾钠、钛酸钡等）不仅在电场力作用下，而且在机械力作用下，都会产生极化现象。为了对压电材料的压电效应进行描述，表明材料的电学量（D、E）与力学量（T、S）之间的量的关系，需要建立压电方程。正压电效应中，外力与因极化作用而在材料表面存储的电荷量成正比，即

$$D = dT \text{ 或 } \sigma = dT \tag{6-28}$$

式中：D——电位移矢量的大小；

　　　　σ——电荷密度；

　　　　T——单位面积作用的应力；

　　　　d——正压电系数。

逆压电效应中，外电场作用下的材料应变与电场强度成正比，即

$$S = d'E \tag{6-29}$$

式中：S——材料的应变；

E——外加电场强度；

d'——逆压电系数。

压电材料是绝缘材料。把压电材料置于两金属极板之间，构成一种带介质的平行板电容器，金属极板收集正压电效应产生的电荷。由物理学可知，在平行板电容器中，有

$$D = \varepsilon_r \varepsilon_0 E \tag{6-30}$$

式中：ε_r——压电材料的相对介电常数；

ε_0——真空介电常数($8.85\ \text{pF/m}$)

那么可以计算出平行板电容器模型中正压电效应产生的电压

$$U = E \cdot h = \frac{d}{\varepsilon_r \varepsilon_0} T \cdot h \tag{6-31}$$

式中：h——平行板电容器极板间距。人们常用 $g = \dfrac{d}{\varepsilon_r \varepsilon_0}$ 表示压电电压系数。

具有压电性的电介质(称压电材料)能实现机-电能量的相互转换。压电材料是各向异性的，在空间上可用向量形式对压电材料和压电效应进行描述，如压电系数矩阵向量 d、电位移矩阵向量 D、应力矩阵向量 T、应变矩阵向量 S、电场强度矩阵向量 E。实际上对于具体的压电材料，压电系数中的元素多数为零或对称，人们可以在压电效应最大的主方向上，"一维"地进行压电传感器的设计。

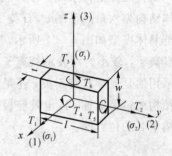

图 6-15　压电材料中方向坐标含义

在三维直角坐标系内的力-电作用状况如图 6-15 所示。图中：T_1、T_2、T_3 分别为沿 x、y、z 向的正应力分量(压应力为负)；T_4、T_5、T_6 分别为绕 x、y、z 轴的切应力分量(顺时针方向为负)；σ_1、σ_2、σ_3 分别为在 x、y、z 面上的电荷密度(或电位移 D)。压电方程是全压电效应的数学描述，它反映了压电介质的力学行为与电学行为之间相互作用(即机-电转换)的规律，如下所示：

$$
\begin{bmatrix} D_1 \\ D_2 \\ D_3 \end{bmatrix}
=
\begin{bmatrix}
d_{11} & d_{12} & d_{13} & d_{14} & d_{15} & d_{16} \\
d_{21} & d_{22} & d_{23} & d_{24} & d_{25} & d_{26} \\
d_{31} & d_{32} & d_{33} & d_{34} & d_{35} & d_{36}
\end{bmatrix}
\begin{bmatrix} T_1 \\ T_2 \\ T_3 \\ T_4 \\ T_5 \\ T_6 \end{bmatrix}
\tag{6-32}
$$

$$
\begin{bmatrix} S_1 \\ S_2 \\ S_3 \\ S_4 \\ S_5 \\ S_6 \end{bmatrix}
=
\begin{bmatrix}
d_{11} & d_{21} & d_{31} \\
d_{12} & d_{22} & d_{32} \\
d_{13} & d_{23} & d_{33} \\
d_{14} & d_{24} & d_{34} \\
d_{15} & d_{25} & d_{35} \\
d_{16} & d_{26} & d_{36}
\end{bmatrix}
\begin{bmatrix} E_1 \\ E_2 \\ E_3 \end{bmatrix}
\tag{6-33}
$$

压电方程组也表明存在极化方向(电位差方向)与外力方向不平行的情况。在正压电效应中，如果所生成的电位差方向与压力或拉力方向一致，即为纵向压电效应；如果所生成

的电位差方向与压力或拉力方向垂直,即为横向压电效应;如果在一定的方向上施加的是切应力,而在某方向上会生成电位差,则称为切向压电效应。逆压电效应也有类似情况。

(二)压电材料

迄今已出现的压电材料可分为三大类:一是压电晶体(单晶),包括压电石英晶体和其他压电单晶;二是压电陶瓷;三是新型压电材料,包括压电半导体和有机高分子两种。

在传感器技术中,目前国内外普遍应用的是压电单晶中的石英晶体和压电陶瓷中的钛酸钡与钛酸铅系列。

1. 压电晶体

由晶体学可知,无对称中心的晶体通常具有压电性。具有压电性的单晶体统称为压电晶体。石英晶体(SiO_2)是最典型而常用的压电晶体。

石英晶体俗称水晶,有天然和人工之分。目前传感器中使用的均是居里点为573℃、晶体结构为六角晶系的 α-石英,其外形如图 6-16 所示,呈六角棱柱体。密斯诺所提出的石英晶体模型如图 6-17 所示,硅离子和氧离子配置在六棱柱的晶格上,图中较大的圆表示硅离子,较小的圆表示氧离子。硅离子按螺旋线的方向排列,螺旋线的旋转方向取决于所采用的是光学右旋石英,还是左旋石英。图中所示为左旋石英晶体(它与右旋石英晶体的结构成镜像对称,压电效应极性相反)。硅离子 2 比硅离子 1 的位置深,而硅离子 3 又比硅离子 2 的位置深。

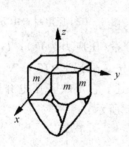
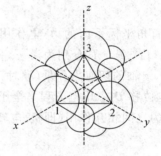

图 6-16　石英晶体坐标系　　　　　　图 6-17　密斯诺石英晶体模型

压电石英的主要性能特点如下:

(1)压电常数小,其时间和温度稳定性极好,常温下几乎不变,在20℃~200℃范围内其温度变化率仅为$-0.016\%/℃$。

(2)机械强度和品质因数高,许用应力高达 6.8×10^7 Pa~9.8×10^7 Pa,且刚度大,固有频率高,动态特性好。

(3)居里点为573℃,无热释电性,且绝缘性、重复性均好。

天然石英的上述性能尤佳,因此,它们常用于精度和稳定性要求高的场合或用于制作标准传感器。

在讨论晶体机电特性时,采用 xyz 右手直角坐标较方便,并统一规定:x 轴称为电轴,它穿过六棱柱的棱线,在垂直于此轴的面上压电效应最强;y 轴垂直 m 面,称为机轴,在电场的作用下,沿该轴方向的机械变形最明显;z 轴称为光轴,也叫中性轴,光线沿该轴通过石英晶体时，无折射，沿 z 轴方向上没有压电效应。

为了直观地了解石英晶体的压电效应，可将一个单元中构成石英晶体的硅离子和氧离子在垂直于 z 轴的 xy 平面上投影，等效为图 6-18(a)中的正六边形排列。图中"⊕"代表 Si^{4+}，"⊖"代表 O^{2-}。

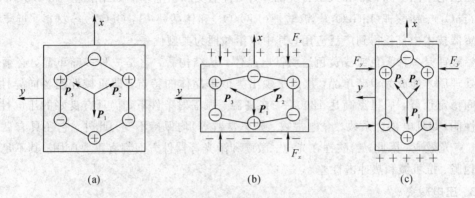

(a)   (b)   (c)

图 6-18 石英晶体压电效应机理示意图

当石英晶体未受外力时，正、负离子（即 Si^{4+} 和 O^{2-}）正好分布在正六边形的顶角上，形成三个大小相等、互成 $120°$ 夹角的电偶极矩 P_1、P_2 和 P_3，如图 6-18(a)所示。电偶极矩的计算公式为 $P=ql$，其中，q 为电荷量，l 为正、负电荷之间的距离。电偶极矩的方向为负电荷指向正电荷。此时，正、负电荷中心重合，电偶极矩的矢量和等于零，即 $P_1+P_2+P_3=0$。这时晶体表面不产生电荷，整体上呈电中性。

当石英晶体受到沿 x 轴方向的压力 F_x 作用时，将产生压缩变形，正、负离子的相对位置随之变动，正、负电荷中心不再重合，如图 6-18(b)所示。电偶极矩在 x 轴方向的分量为 $(P_1+P_2+P_3)_x>0$，在 x 轴正方向的晶体表面上出现正电荷；而在 y 轴和 z 轴方向的分量均为零，即 $(P_1+P_2+P_3)_y=0$，$(P_1+P_2+P_3)_z=0$，在垂直于 y 轴和 z 轴的晶体表面上不出现电荷。这种沿 x 轴施加压力 F_x，而在垂直于 x 轴晶面上产生电荷的现象，称为"纵向压电效应"。

当石英晶体受到沿 y 轴方向的压力 F_y 作用时，晶体变形如图 6-18(c)所示。电偶极矩在 x 轴方向上的分量 $(P_1+P_2+P_3)_x<0$，在 x 轴正方向的晶体表面上出现负电荷。同样，在垂直于 y 轴和 z 轴的晶面上不出现电荷。这种沿 y 轴施加压力 F_y，而在垂直于 x 轴晶面上产生电荷的现象，称为"横向压电效应"。

当晶体受到沿 z 轴方向的力（无论是压力还是拉力）作用时，因为晶体在 x 轴方向和 y 轴方向的变形相同，故正、负电荷中心始终保持重合，电偶极矩在 x、y 方向的分量等于零，所以，沿光轴方向施加力，石英晶体不会产生压电效应。

需要指出的是，上述讨论均假设晶体沿 x 轴和 y 轴方向受到了压力，当晶体沿 x 轴和 y 轴方向受到拉力作用时，同样有压电效应，只是电荷的极性将随之改变。

石英晶体的独立压电系数只有 d_{11} 和 d_{14}，其压电常数矩阵为

$$\boldsymbol{d}=\begin{bmatrix} d_{11} & -d_{11} & 0 & d_{14} & 0 & 0 \\ 0 & 0 & 0 & 0 & -d_{14} & -2d_{11} \\ 0 & 0 & 0 & 0 & 0 & 0 \end{bmatrix} \qquad (6-34)$$

式中，$d_{11} = 2.31 \times 10^{-12} \text{ C/N}$，$d_{14} = 0.73 \times 10^{-12} \text{ C/N}$，$d_{12} = -d_{11}$ 为横向压电系数，$d_{25} = -d_{14}$ 为面剪切压电系数，$d_{26} = -2d_{14}$ 为厚度剪切压电系数。

2. 其他压电单晶

在压电单晶中除天然和人工石英晶体外，钾盐类和铁电单晶如铌酸锂（$LiNbO_3$）、钽酸锂（$LiTaO_3$）、锗酸锂（$LiGeO_3$）、镓酸锂（$LiGaO_3$）和锗酸铋（$Bi_{12}GeO_{20}$）等材料，近年来已在传感器技术中日益得到广泛应用，其中以铌酸锂为典型代表。

铌酸锂是一种无色或浅黄色透明铁电晶体。从结构看，它是一种多畴单晶，必须通过极化处理后才能成为单畴单晶，从而呈现出类似单晶体的特点，即机械性能各向异性。它的时间稳定性好，居里点高达 1200℃，在高温、强辐射条件下，仍具有良好的压电性，且机械性能（如机电耦合系数、介电常数、频率常数等）均保持不变。此外，它还具有良好的光电、声光效应。因此，铌酸锂在光电、微声和激光等器件方面都有重要应用；其不足之处是质地脆、抗机械和热冲击性差。

3. 压电陶瓷

1942 年，第一个压电陶瓷材料——钛酸钡，先后在美国、苏联和日本制成。1947 年，第一个压电陶瓷器件——钛酸钡拾音器诞生了。20 世纪 50 年代初，又一种性能大大优于钛酸钡的压电陶瓷材料——锆钛酸铅研制成功。从此，压电陶瓷的发展进入了新的阶段。20 世纪 60 年代到 70 年代，压电陶瓷不断改进，日趋完美，如用多种元素改进的锆钛酸铅二元系压电陶瓷、以锆钛酸铅为基础的三元系和四元系压电陶瓷也都应运而生。这些材料性能优异，制造简单，成本低廉，应用广泛。

压电陶瓷是一种经极化处理后的人工多晶压电材料。所谓"多晶"，是指由无数细微的单晶组成。每个单晶形成单个电畴，无数单晶电畴的无规则排列致使原始的压电陶瓷呈现各向同性而不具有压电性，如图 6-19（a）所示；要使之具有压电性，必须作极化处理，即在一定温度下对其施加强直流电场，迫使"电畴"趋向外电场方向作规则排列，如图 6-19（b）所示；极化电场去除后，趋向电畴基本保持不变，形成很强的剩余极化，从而呈现出压电性，如图 6-19（c）所示。压电陶瓷的压电常数大，灵敏度高。压电陶瓷除有压电性外，还具有热释电性，这会给压电传感器造成热干扰，降低其稳定性。所以，对传感器要求高稳定性的场合，压电陶瓷的应用受到限制。

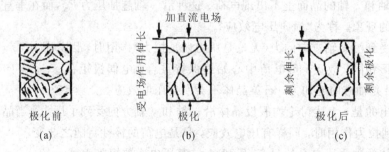

图 6-19　压电陶瓷的极化

常用压电晶体和陶瓷材料的主要性能列于表 6-2。

表 6 - 2　常用压电晶体和陶瓷材料的主要性能

参　数	石英	钛酸钡	锆钛酸铅 PZT - 4	锆钛酸铅 PZT - 5	锆钛酸铅 PZT - 8
压电常数/(pC/N)	$d_{11}=2.31$ $d_{14}=0.73$	$d_{33}=190$ $d_{31}=-78$ $d_{15}=250$	$d_{33}=200$ $d_{31}=-100$ $d_{15}=410$	$d_{33}=415$ $d_{31}=-185$ $d_{15}=670$	$d_{33}=200$ $d_{31}=-90$ $d_{15}=410$
相对介电常数/ε_r	4.5	1200	1050	2100	1000
居里温度点/℃	573	115	310	260	300
最高使用温度/℃	550	80	250	250	250
密度×10^{-3}/(kg·m^{-3})	2.65	5.5	7.45	7.5	7.45
弹性模量×10^{-9}/(N·m^{-2})	80	110	83.3	117	123
机械品质因数	$10^5 \sim 10^6$		≥500	80	≥800
最大安全应力×10^{-5}/(N·m^{-2})	95~100	81	76	76	83
体积电阻率/(Ω·m)	>10^{12}	10^{10}	>10^{10}	10^{11}	
最高允许相对湿度/(%)	100	100	100	100	

4. 新型压电材料

1）压电半导体

1968 年以来出现了多种压电半导体，如硫化锌(ZnS)、碲化镉(CdTe)、氧化锌(ZnO)、硫化镉(CdS)、碲化锌(ZnTe)和砷化镓(GaAs)等。这些材料的显著特点是：既具有压电特性，又具有半导体特性。因此既可用其压电特性研制传感器，又可用其半导体特性制作电子器件；也可以两者结合，集元件与线路于一体，研制成新型集成压电传感器测试系统。

2）有机高分子压电材料

有机高分子压电材料主要有两大类。

其一，是某些合成高分子聚合物经延展拉伸和电极化后具有压电特性的高分子压电薄膜，如聚氟乙烯(PVF)、聚偏氟乙烯(PVF$_2$)、聚氯乙烯(PVC)、聚 r 甲基-L 谷氨酸脂(PMG)和尼龙 11 等。这些材料的独特优点是质轻柔软，抗拉强度较高，蠕变小，耐冲击，体电阻达 10^{12} Ω·m，击穿强度为 150 kV/mm～200 kV/mm，声阻抗近于水和生物体含水组织，热释电性和热稳定性好，且便于成批生产和大面积使用，可制成大面积阵列传感器乃至人工皮肤。

其二，是高分子化合物中掺杂压电陶瓷 PZT 或 BaTiO$_3$ 粉末制成的高分子压电薄膜。这种复合压电材料同样既保持了高分子压电薄膜的柔软性，又具有较高的压电性和机电耦合系数。

┌─────────┐
│ 技能训练 │
└─────────┘

压力传感器的功能测试

(一) 实训目的

(1) 了解电阻应变式传感器的基本结构。

（2）掌握电阻应变式传感器的使用方法。

（3）掌握电阻应变式传感器测量电路的调试方法。

（二）实训器材

实训所需器材如表 6-3 所示。

表 6-3　实 训 器 材

序号	实训器材	数量	序号	实训器材	数量
1	金属箔式应变片	1	9	铁架台	2
2	120 Ω 电阻	2	10	502 胶水	1
3	150 Ω 电阻	1	11	刀片	1
4	100 Ω 电阻	2	12	烧瓶夹	2
5	47 Ω 电阻	1	13	塑料杯	2
6	微安表	1	14	细塑料套管	若干
7	100 Ω 电位器	1	15	砝码	1 套
8	1500 Ω 电位器	1	16	棉纱线、导线	若干

（三）实训操作

（1）金属箔式应变片的两条金属引出线分别套上细塑料套管后，用 502 胶水把两片应变片分别粘贴在刮胡刀片（1/2 片）正反中心位置上，敏感栅的纵轴与刀片纵向一致。

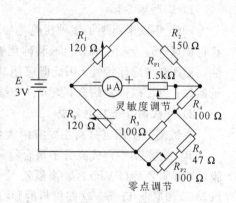

图 6-20　金属箔式应变片测量电路

（2）用铁架台上的烧瓶夹固定住刮胡刀片传感头根部及上面的引线，另一端悬空，吊挂好棉纱线的"吊斗"。

（3）按图 6-20 所示连接好电路。

（4）接通电源 E，稳定一段时间后，先将灵敏度调节电位器 R_{P1} 的电阻值调至最小，此时电桥检测灵敏度最高。

（5）再仔细调节零点电位器 R_{P2}，使检测面板表 Ⓐ 的读数恰好为零，电桥平衡。

（6）在"吊斗"中轻轻放入 20 g 砝码，调节灵敏度电位器 R_{P1}，使面板表读数为一个整数值，例如 2.0 μA，灵敏度标定为 0.1 μA/g。

（7）最后，检测电子秤称量的线性，在"吊斗"内继续放入多个 20 g 砝码，若检测面板表分别显示 4.0 μA、6.0 μA、8.0 μA，说明传感器测力线性好。

（8）如果电子秤实验电路灵敏度达不到 0.1 μA/g，可将电桥供电电压提升到 6 V。

（9）记录数据，填入表 6-4。

表 6 - 4　数据记录表

砝码重/g							
电流/μA							

（四）实训考核

实训结束后，学生可依据表 6 - 5 所示的考核内容和评分标准进行小组自评、互评并打分。

表 6 - 5　实训考核表

考核内容		评 分 标 准	小计
(1) 信息收集能力 (10 分)		能根据任务要求收集压力传感器的相关资料，不扣分	
		不主动收集资料，扣 4 分	
		不收集资料，扣 10 分	
(2) 项目的原理 (15 分)		叙述应变式传感器测量压力的工作原理准确，不扣分	
		叙述条理不清楚、不准确，每错一处扣 2 分	
(3) 具体操作 (20 分)		接线正确、数据记录完整，不扣分	
		接线正确、数据记录不完整，扣 5 分	
		接线不正确，扣 10 分	
(4) 数据处理 (10 分)		数据处理正确，不扣分	
		数据处理方法正确，但结果有误，扣 5 分	
		数据处理方法不对，扣 10 分	
(5) 汇报表达能力 (10 分)		表达完整，条理清楚，不扣分	
		表达虽不够完整，但条理清楚，扣 4 分	
		表达不完整，条理不清楚，扣 8 分	
(6) 素质 (35 分)	基本素质 (15 分) 考勤(10分)	出全勤，不迟到，不早退，不扣分	
		不能按时上课，每迟到或早退一次扣 3 分	
	学习态度 (5 分)	学习认真，及时预习复习，不扣分	
		学习不认真，不能按要求完成任务，扣 3 分	
	专业素质 (20 分) 实训报告 (10 分)	按时、完整、正确地完成实训报告，不扣分	
		按时完成实训报告，虽不完整但正确，扣 3 分	
		不能按时完成实训报告，不完整、有错误，扣 6 分	
	团结协作 意识(4 分)	能团结同学，互相交流、分工协作完成任务，不扣分	
	安全意识 (6 分)	安全、规范操作，不扣分	
总　成　绩			

任务二　数字电子秤电路的设计与分析

任务目标

　　通过本任务的学习和实训，掌握压力传感器的结构、基本原理，能根据所选择的压力传感器设计接口电路，并完成一个简单实用的数字电子秤硬件和软件的设计。在设计过程中，要学会使用单片机对数字电子秤的各种功能进行控制。本设计中的数字电子秤要求：能够显示商品的名称、价格、总量、总价等；能够自动完成商品的价格计算；能够储存几种简单商品的价格；能够具有超重提醒功能，一旦重量超出了自身重量的测量范围，可发出警报；测量范围要达到 5 kg，测量精度要求达到 0.1%。

知识链接

　　电子秤在工业生产、商场零售等行业已随处可见。在城市商业领域，电子计价称已取代了传统的杆秤和机械案秤。

　　本项目所设计的电子秤系统采用 AT89C51 单片机为控制核心，利用模块化的设计方法，硬件结构主要包括称重模块、数据采集和处理模块、最小系统模块、键盘和显示模块等。软件部分要求用 C 语言编写。

　　该系统的工作原理是将称重对象放置在平台上，称重对象产生的重力使传感器产生电效应，形成重量与电信号的对应关系。一般来讲，传感器产生的电信号非常小，不足以灵敏地被检测出来，需经过放大器进行放大。首先对信号进行线性处理，单片机通过不断扫描，对键盘输入的内容和目前装置的状态进行分析和确定，再经过软件做进一步的运算，然后将运算结果传送到存储器中，并使用键盘输入内容和各种指令进行必要的判断和分析。微处理器发出相应的指令后，数据开始从存储器中被读出，最后一步即这些工作的目标就是将得出的结果在显示器上显示出来。整个过程看似非常复杂，其实原理比较简单，即：将需要称重的物体的重力转化成传感器可以接收到的压力信号，而后传感器工作，数字/模拟转换器进行数/模转换，单片机进行数据处理后，将数据发送到显示端，最后，在显示屏幕上显示结果。

一、数字电子秤硬件电路设计

　　本任务设计的数字电子秤电路由电源电路、AT89C51 单片机主控电路、LCD 显示电路、报警电路、键盘电路和压力传感电路（ADC0832 采样）组成，如图 6-21 所示。

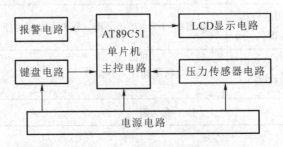

图 6-21　电子秤电路原理图

数字电子秤硬件电路原理图如图 6 - 22 所示，其工作过程是：打开电源时，MCU 及各个部分电路开始工作，MCU 调用内部存储数据对各部分接口电路初始化；200 ms 后 LM4229 进入欢迎界面，ADC0832 不断对外部数据进行采样，一旦有物品放入载物台，ADC0832 立即发送中断请求，并将本次采集数据交给 MCU 处理，之后 LM4229 显示相应数据量。在此过程中，键盘也在不断进行扫描，一旦有键按下，单片机也会对其数据进行相应处理，然后将对 LM4229 进行写操作。

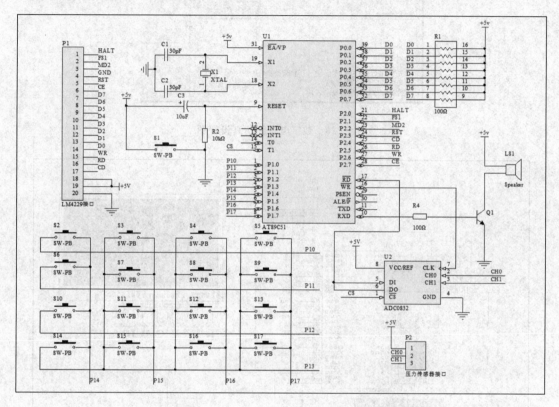

图 6 - 22　数字电子秤硬件电路原理图

二、数字电子秤硬件电路功能仿真

利用 Protues 软件绘制如图 6 - 22 所示的数字电子称硬件电路，接下来就是将设计的程序在 Keil C51 μVision3 开发集成环境上编译成机器语言。进入 Protues 的 ISIS，双击 AT89C51，在"Program File 中"添加"main. hex"文件到 AT89C51 中，如图 6 - 23 所示。

该仿真验证的过程为：首先按开始按钮▓▶，此时系统进入欢迎界面，LM4229 上显示"欢迎使用电子秤"，如图 6 - 24 所示。

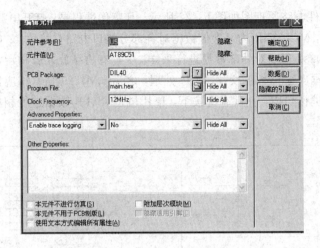

图 6-23　数字电子秤仿真设置图

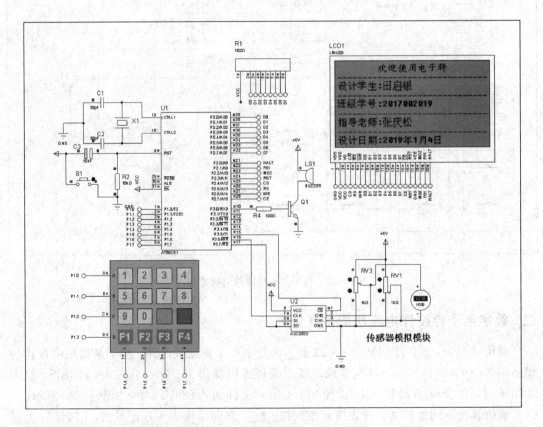

图 6-24　数字电子秤欢迎界面图

接下来调节压力传感器电压，将电压设为 0.00，表示载物台上没有物体，此时 LM4229 切换到称量画面，如图 6-25 所示。

最后，上调压力传感器电压，表示已载有商品，同时按下"6"号键，表示选择 6 号商品"苹果"。此时 LM4229 上显示名称、单价、总重量、总价等，如图 6-26 所示。最大称量重量为 4.980 千克，如图 6-27 所示。

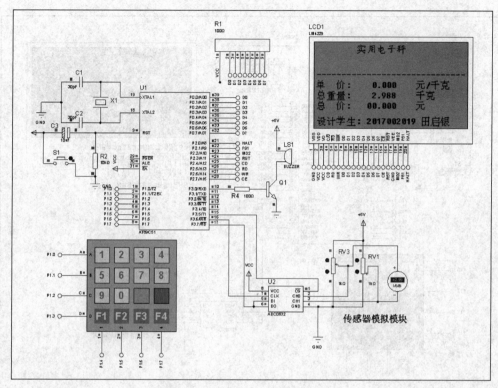

图 6-25 数字电子秤模拟空载显示图

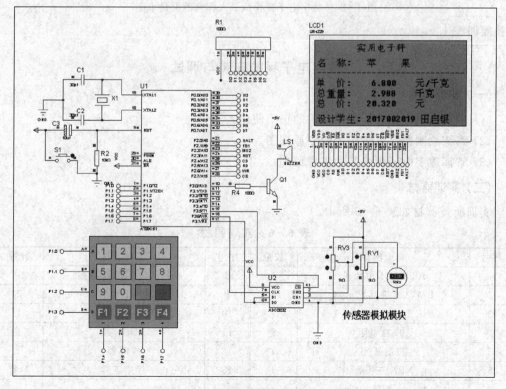

图 6-26 数字电子秤模拟载物显示图

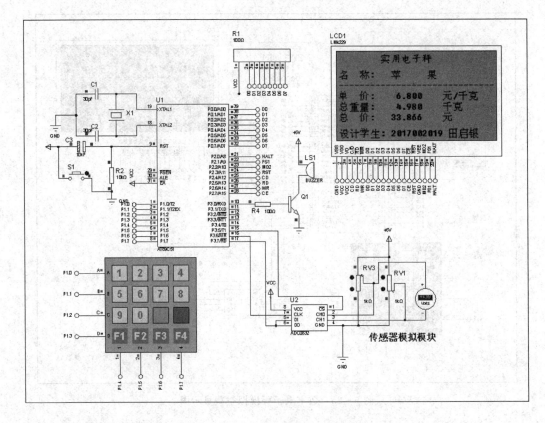

图 6 - 27 数字电子秤模拟最大称量范围显示图

技能训练

数字电子秤的安装与调试

（一）实训目的

（1）掌握电阻应变式传感器元件的正确使用。

（2）熟练绘制数字电子秤的电路原理图。

（3）掌握数字电子秤的基本工作原理。

（二）实训器材

实训所需器材如表 6 - 6 所示。

表 6 - 6 实训器材

序号	实训器材	数量	序号	实训器材	数量
1	AT89C51 单片机	1	8	11.0592 MHz 晶振	1
2	LM4229 液晶显示器	1	9	30 pF 电容	2
3	10 kΩ 电阻	1	10	10 μF 电解电容	1
4	100 Ω 电阻	9	11	ADC0832	1
5	按键开关	1	12	蜂鸣器	1
6	NPN 三极管	1	13	焊接工具	1 套
7	4×4 矩阵按键	1			

(三) 实训操作

按表 6-5 所示准备元器件,并完成电路焊接,注意电路焊接时压力传感器部分用电位器替换。电路制作完成后,接通电源,调节电路板上的调零电位器,使电压表读数为零,关闭电源。接下来按照仿真电路基本操作步骤完成相关称重实训。

(四) 实训考核

根据完成实训综合情况,给予考核,考核内容及评分标准见表 6-7。

表 6-7 实训考核表

考核内容			评分标准	小计
(1) 压力传感器的 工作原理(10 分)			叙述传感器的工作原理准确、完善,不扣分	
			叙述条理不清楚、不准确,每错一处扣 1 分	
(2) 压力传感器应用 电路工作原理(10 分)			叙述检测电路的工作原理准确、完善,不扣分	
			叙述条理不清楚、不准确,每错一处扣 1 分	
(3) 仪器仪表的 使用(10 分)		确定和识别一个常 用电子元件的好坏, 并使用仪器测量电路 中一个点的信号	正确使用测量仪器测试传感器等常见元件的 好坏,不扣分	
			不会判断和识别常用电子元件的好坏,扣 3 分	
			不会使用常用测量仪器,扣 10 分	
(4) 实训器件的 选取(15 分)		对本实训所需元器 件进行测试(10 分)	能完成传感器等各元件的性能检测,不扣分	
			不能全部完成各元件的性能检测,扣 5 分	
		选型(5 分)	能正确选用本项目所需元器件,不扣分	
			不能正确选用本项目所需元器件,扣 5 分	
(5) 电路安装与 调试(15 分)			能正确安装并调试成功,不扣分	
			不能正确安装,但能找到故障原因,扣 8 分	
			不能正确安装,也不能找到故障原因,扣 15 分	
(6) 电路布局 (10 分)			电路布局美观、合理,无跳线和交叉线,不扣分	
			电路布局美观、合理,每处跳线和交叉线扣 2 分,扣完为止	
			电路布局不美观、不合理,每处跳线和交叉线扣 3 分,扣完为止	
(7) 素质 (30 分)	基本素质 (10 分)	考勤 (5 分)	不迟到,不早退,按时完成任务,不扣分	
			每迟到或早退一次扣 4 分,扣完为止	
		协作意识 (5 分)	能与同学积极进行交流、分工协作,不扣分	
	专业素质 (20 分)	实训报告 (10 分)	按时完成报告,且整洁、合理、要素齐全,不扣分	
			按时完成报告,虽不够整洁但要素齐全,扣 2 分	
			不能按时完成报告,且不够整洁、内容不齐全,扣 6 分	
			安全、规范操作,无元件损坏,不扣分	
			元件损坏,每个扣 2 分,扣完为止	
总 成 绩				

项目小结

通过本项目的学习，掌握如下知识重点：
(1) 电阻应变片的组成、结构及基本特性。
(2) 电阻应变式传感器的工作原理。
(3) 各种桥式电路的特点以及电路补偿原理。

通过本项目的学习，掌握如下实践技能：
(1) 电阻应变式传感器的使用方法及其测量电路的调试与应用。
(2) 基于单片机的超市电子秤系统设计与仿真方法。

思 考 与 练 习

1. 什么叫应变效应？利用应变效应解释金属电阻应变片的工作原理。

2. 什么是直流电桥？若按桥臂工作方式不同，直流电桥可分为哪几种？各自的输出电压如何计算？

3. 为什么应变式传感器大多采用交流不平衡电桥为测量电路？该电桥又为什么都采用半桥和全桥两种方式？

4. 应用应变片进行测量为什么要进行温度补偿？常采用的温度补偿方法有哪几种？

5. 什么叫压阻效应？利用压阻效应解释压阻式传感器的工作原理。

6. 什么是正压电效应？什么是逆压电效应？压电传感器的结构和应用特点是什么？能否用压电传感器测量静态压力？

7. 石英晶体 x、y、z 轴的名称是什么？有哪些特征？

项目七　无线传感器网络在小区火灾
报警系统中的应用

随着计算机技术、网络技术与无线通信技术的迅速发展，人们开始将无线网络技术与传感器技术相结合，于是无线传感器网络（Wireless Sensor Network，WSN）就应运而生了。WSN 由部署在监测区域内的大量微型传感器节点组成，且通过无线的方式形成了一个多跳的自组织网络，不仅可以接入 Internet，还可适用于有线接入方式所不能胜任的场合，可提供优质的数据传输服务。在有线系统使用过程中，由于大量的导线预埋到墙体中或被吊顶覆盖，如果导线出现问题，维护起来就比较困难，而 WSN 可以有效地解决这类问题。本项目以无线火灾传感器网络在小区报警系统中的应用为例，讲述无线传感器网络的选型和无线传感器组网技术。

本项目需要完成以下任务：

（1）无线传感器网络的选用与设计。

（2）小区火灾报警系统的设计与分析。

知识目标

（1）正确理解无线传感器网络的概念。

（2）了解传感器与传感器网络之间的关系。

（3）掌握无线传感器网络的体系结构。

（4）掌握无线传感器网络的特点及应用。

（5）了解与无线传感器网络相关的技术。

能力目标

（1）掌握无线传感器的选用与设计。

（2）掌握无线传感器网络的设置方法。

任务一　无线传感器网络的选用与设计

任务目标

本任务通过无线传感器网络的选用与设计，让学生了解无线传感器网络的概念，熟悉无线传感器网络的结构，掌握无线传感器网络的工作原理。

知识链接

　　无线传感器网络是近几年发展起来的一门交叉性学科，它涉及通信技术、计算机技术和传感器技术等多种技术领域，是物联网的支撑技术之一，在遥控、监测、传感和智能化等高科技应用领域中发挥着重要作用。

一、无线传感器网络的基本概念

　　微电子技术、计算机技术和无线通信技术的进步推动了低功耗、多功能传感器的快速发展，使其在微小的体积内能够集成信息采集、数据处理和无线通信等功能。在监测区域内部署的大量廉价的微型传感器节点通过无线通信的方式可形成一个多跳的自组织网络，即无线传感器网络（WSN），这些传感器节点可以协作地感知、采集和处理网络覆盖区域中感知对象的信息，并发送给观察者。传感器、感知对象和观察者构成了传感器网络的三个要素。

（一）无线传感器网络的结构

　　无线传感器网络是一种特殊的无线自组织网络（Ad‐Hoc 网络），是由许多无线传感器节点协同组织起来的。这些节点具有协同合作、信息采集、数据处理、无线通信等功能，可以随机或者特定地布置在监测区域内部或附近，它们之间通过特定的协议自组织起来，能够获取周围环境的信息并且相互协同工作完成特定任务。

　　无线传感器网络的典型体系结构如图 7‐1 所示，包括分布式传感器节点、网关、互联网及卫星或移动通信网络和监控中心等。在传感器网络中，各个节点的功能都是相同的，它们既是信息包的发起者，也是信息包的转发者。大量传感器节点被布置在整个监测区域中，每个节点将自己所探测到的有用信息通过初步的数据处理和信息融合之后传送给用户，数据传送过程是通过相邻节点的接力传送方式传送给网关，然后再通过互联网、卫星或移动通信网络传送给最终用户。用户也可以对网络进行配置和管理、发布监测任务以及收集监测数据等。

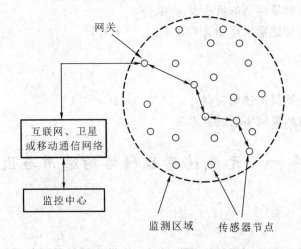

图 7‐1　无线传感器网络的典型体系结构

(二)传感器节点的结构

传感器节点通常是一个微型的嵌入式系统。从网络功能上看，每个传感器节点既具有传统网络节点的终端功能，又兼具路由器的功能。除了要进行本地信息收集和数据处理外，还要对其他节点转发来的数据进行存储、管理和融合等处理。

一个传感器节点通常由传感器模块、处理器模块、无线通信模块和能量供应模块四部分组成，如图 7-2 所示。

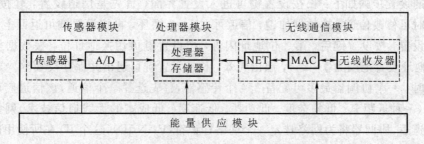

图 7-2 传感器节点的体系结构

传感器模块负责采集监测区域内的有用信息(如光、振动和化学信号等)并转换为电信号，然后传送给处理器模块；处理器模块负责控制整个传感器节点的运行，并存储和处理本身采集的数据以及其他节点发来的数据；无线通信模块负责与其他传感器节点进行无线通信、交换控制信息和收发采集到的数据；能量供应模块为传感器节点提供运行所需的能量，通常采用微型电池。

传感器节点为低功耗微型设备，为了最大限度地节约电源，在硬件设计方面，要尽量采用低功耗器件，处理器通常选用嵌入式 CPU，射频单元主要由低功耗、短距离的无线通信模块组成，在没有通信任务的时候，要切断射频部分的电源；在软件设计方面，各层通信协议都应该以节能为中心，必要时可以牺牲一些网络性能指标，以获得更高的电源效率。下面介绍几类常用的无线传感器。

1. 无线温湿度传感器

无线温湿度传感器如图 7-3 所示，是集温湿度测量、变送于一体的智能无线产品，能够精确测量环境温湿度，广泛应用于温室大棚、实验室、博物馆、图书馆、档案馆、生产车间、仓库、机房、楼宇自控等场所。

图 7-3 无线温湿度传感器

1) 工作原理

无线温湿度传感器的温湿度测量部分采用专业的数字式传感器，外加传感器专用防护罩，保证了测量数据的可靠性与稳定性；信号传输方式选用通信距离远、穿透能力强的433 MHz 频段信号；同时，产品自带 LED 显示屏，可实时轮询显示温湿度及地址信息，方便现场查看温湿度数据；产品采用内置天线，采用探头外置方式，外接线达 1 m；产品有两个按键，分别是设置键（SET）和数据加键（＋）。

按键的设置步骤如下：长按设置键可进入设置界面，首先是信道设置，轻按设置键，数字闪烁时可修改信道，按数据加键，信道可在 1～9 循环，再按设置键可返回上一步；其次是地址设置，按设置键后，第一位地址闪烁，按设置键可切换地址位，按数据加键可设置地址，地址设置范围为 1～254，超出无效，长按设置键可退出并保存设置。

组网时，一个协调器最多可配备 254 个传感器，首先选择一个信道，该信道应存在最少的 ZigBee（一种近距离、低复杂度、低功耗、低速率、低成本的无线通信技术）网络。找到合适的信道后，协调器将为网络选定一个网络标识符（PAN ID），这个 ID 在所使用的信道中必须是唯一的，也不能和其他 ZigBee 网络冲突，而且不能为广播地址 0xFFFF（此地址为保留地址，不能使用）。可以通过侦听其他网络的 ID，然后再选择一个不会冲突的 ID 来获取 PAN ID，也可以人为地指定扫描的信道后再确定不和其他网络冲突的 PAN ID。传感器地址为 001～254，不可重复，设置完成便可实现通信。

最后，可通过 WiFi 路由模块将无线传感器连接到云端，手机 APP 端可在局域网或通过互联网访问云端服务器查询传感器相关数据。APP 可定时读取相应数据，也可以主动读取。

2) 产品特点

（1）可实现高精度温湿度采集，适用于各种环境的温湿度测量。

（2）由于采用无线传输，故现场施工免布线，方便安置。

（3）具有标准化设计，且外形美观、结构科学；采用壁挂式墙面安装，拆装方便。

（4）配有 LCD 液晶显示，可直观显示现场温湿度值。

（5）通信距离最远可达 1000 m（空旷环境）。

（6）具有 IP65（表示产品可以完全防止粉尘进入及可用水冲洗而无任何伤害）防护等级，性能优异，适用各种环境。

3) 技术参数

无线温湿度传感器的技术参数如表 7-1 所示

表 7-1　无线温湿度传感器的技术参数

参 数 项	参 数 说 明
测温范围	$-40℃\sim+80℃$
温度精度	$\pm0.5℃$
温度漂移	$\pm0.1℃/年$
湿度范围	$0\sim100\% \ RH$
湿度精度	$\pm4.5\% \ RH$

续表

参 数 项	参 数 说 明
供电电源	DC 5 V
显示方式	单排 LED 液晶显示，宽×高＝40 mm×15 mm
传输距离	空旷环境传输距离 1000 m
网络类型	星形
无线频率	433 MHz ISM 免费频段
传感器节点信道	1～9
传感器节点网络 ID 范围	1～9
传感器节点地址范围	1～254
结构形式	一体式、白色 ABS 工程塑料
安装方式	壁挂式，固定于墙面
外形尺寸	90 mm×85 mm×40 mm
防水等级	IP65

2. 无线烟雾传感器

WL-FD-A 物联无线烟雾(火警)传感器如图 7-4 所示，它是基于 ZigBee 标准设计的一款产品。无线烟雾传感器广泛应用于智能家居、智慧旅店、智能建筑等系统中，可以实时探测空气中烟雾的浓度，及时发出报警信息。除此之外，WL-FD-A 物联无线烟雾(火警)传感器还可方便地与无线报警设备绑定，自动发出无线触发信号，启动报警器。

图 7-4 WL-FD-A 物联无线烟雾传感器

1) 工作原理

WL-FD-A 物联无线烟雾(火警)传感器，是利用光束的散射原理，对有效范围内的烟雾进行探测，并及时发出报警信号。正常工作状态下，WL-FD-A 物联无线烟雾(火警)传感器所发出的光束是偏离感应器的，此时报警器不会响起。当烟雾进入有效范围之后,烟雾粒子会将部分光束折射到感应器上。一旦感应器接收的光束超出设定的安全阈值,就会发出无线报警信息,触发相关设备报警。

WL-FD-A物联无线烟雾(火警)传感器非常适合安装在开阔区域。传感器独有的烟雾收集器设计,可以有效地防止由尘雾引起的误报。

2)产品特点

(1) ZigBee设备类型为IAS Zone。

(2)可与物联报警设备共同使用。

(3)兼容ZigBee智能家居协议。

(4)有离子式和光电式两种型号可供选择。

(5)运行可靠、性能稳定、误报率低。

(6)体积小、重量轻、美观大方。

(7) CPU控制,自身具有分辨真伪火情的功能。

(8)具有漂移自动跟踪补偿功能。

(9)抗干扰能力强,可自动调节灵敏度。

(10)具有自我诊断功能。

3)技术参数

WL-FD-A物联无线烟雾传感器的技术参数如表7-2所示。

表7-2　无线烟雾传感器的技术参数

参 数 项	参 数 说 明
通信方式	IEEE 802.15.4(ZigBee)
频宽	2.4 GHz～2.4835 GHz
工作温度	−10℃～+50℃
工作湿度	最大95％ RH
通信距离	50 m
状态显示	LED
探测类型	WL-FD-A A:离子式 WL-FD-A E:光电式
工作电压	WL-FD-A A:100 V～230 V AC WL-FD-A E:9 V DC 或 100 V～230 V AC
产品尺寸	直径97.5 mm, 高43 mm

二、无线传感器网络的协议栈

如今,无线通信技术在信息通信领域得到了快速发展,它使随时随地接入网络获取信息变成了可能,使通信摆脱了物理连接上的束缚。目前,无线通信按照通信距离范围可以划分成广域和局域两种。广域的无线技术主要有2G/3G/4G等;而局域是指短距离小范围的无线通信，主要有 2.4 GHz 无线宽带(WiFi)、蓝牙(Bluetooth)和 ZigBee 等。除此之外，现在还有一种低功耗广域网(Low Power Wide Area Network，LPWAN)。但目前LPWAN技术尚未形成统一的标准。

1. WiFi

WiFi(Wireless Fidelity)即无线保真技术，这种技术基于 IEEE 802.11a、IEEE 802.11b、IEEE 802.11g 和 IEEE 802.11n，使用 2.4 GHz 附近的频段。它的特点是传输距离长、速率快，可以达到数百兆的传输速率。

2. 蓝牙

蓝牙(Bluetooth)是由爱立信、IBM、Intel 和诺基亚等公司于 1998 年提出的一种近距离无线数据通信技术标准。它能在 10 m 半径范围内实现单点对多点的无线数据传输，传输带宽最高可达 1 Mb/s，使用在 2.402 GHz～2.480 GHz 频段。

3. ZigBee

ZigBee 技术具有数据传输速率低的特点，只有 $10\ kb/s\sim250\ kb/s$，它专注于低传输速率应用。由于数据传输速率低、协议简单，使得 ZigBee 同时具备了功耗小、成本低、网络容量大的特点，一个 ZigBee 网络最多可容纳 65 000 个设备。同时，ZigBee 也兼顾了安全性和工作频段灵活的特点，可提供数据完整性检查和鉴权功能，采用 AES-128 加密算法，使用频段为 2.4 GHz、868 MHz(欧洲)和 915 MHz(美国)，均为免执照(免费)的频段。

4. LPWAN

LPWAN 实现了无线通信的更远距离和更低功耗。现在主流的 LPWAN 技术有NB-IoT、eMTC 和 LoRa。

1) NB-IoT

NB-IoT 是窄带物联网的简称，支持低功耗设备在广域网的蜂窝数据连接，也被叫作低功耗广域网(LPWAN)。NB-IoT 支持待机时间长、对网络连接要求较高设备的高效连接。据说 NB-IoT 设备电池寿命可以提高到至少 10 年，同时还能提供非常全面的室内蜂窝数据连接覆盖。

2) eMTC

eMTC 是增强机器类通信的简称，具有超可靠、低时延的特点，侧重点主要体现物与物之间的通信需求。2016 年 10 月，中国移动联合多家知名厂商进行了基于 3GPP 标准的NB-IoT 和 eMTC 商用产品实验室测试，这有助于促进蜂窝物联网产品的快速成熟，推动中国物联网发展。

3) LoRa

LoRa(Long Range 的缩写)是美国 Semtech 公司采用和推广的一种基于扩频技术的超远距离无线传输方案。这一方案改变了以往关于传输距离与功耗的折中考虑方式，可为用户提供一种简单的能实现远距离、长电池寿命、大容量的系统。目前，LoRa 主要在全球免费频段运行，包括 433 MHz、868 MHz、915 MHz 等。LoRa 技术具有远距离、低功耗(电池寿命长)、多节点、低成本的特性。

4. 本项目采用的协议栈

本项目采用基于 2.4 GHz 的 ZigBee 模块进行传感器节点的设计。完整的 ZigBee 协议栈模型如图 7-5 所示。另外,协议栈还包括能量管理平台、移动管理平台和任务管理平台。这些管理平台使得传感器节点能够按照能源高效的方式协同工作,在节点移动的传感器网络中转发数据,并支持多任务和资源共享。

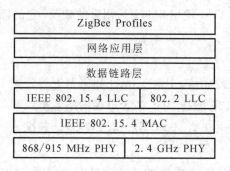

图 7-5　ZigBee 协议栈

三、无线传感器网络的特点

无线传感器网络与传统的无线网络(移动通信网、无线局域网、蓝牙网络、Ad-Hoc网络等)相比有一些独有的特点,正是由于这些特点使得无线传感器网络存在很多新问题,面临很多新挑战。无线传感器网络的主要特点有:

(1) 节点数量众多,分布密集。为了对一个区域进行监测,往往有成千上万个传感器节点空投到该区域。传感器节点分布非常密集的主要原因是利用节点之间的高度连接性来保证系统的容错性和抗毁性。

(2) 硬件资源有限。节点由于受价格、体积和功耗的限制,其计算能力、内存空间比普通的计算机功能要弱很多。这一点也决定了在节点操作系统设计中,协议层次不能太复杂。

(3) 电源容量有限。节点一般由电池供电,其特殊的应用领域决定了在使用过程中不能给电池充电或更换电池,一旦电池能量用完,这个节点也就失去了作用(死亡)。因此,在传感器网络设计过程中,任何技术和协议的使用都要以节能为前提。

(4) 自组织网络。无线传感器网络的布设和展开无需依赖于任何预设的网络设施,节点可通过分层协议和分布式算法协调各自的行为,节点开机后就可以快速、自动地组成一个独立的网络。

(5) 无中心的网络。无线传感器网络中没有严格的控制中心,所有节点地位平等,是一个对等式网络。节点可以随时加入或离开网络,任何节点的故障不会影响整个网络的运行,系统具有很强的抗毁性。

(6) 多跳路由。网络中节点的通信距离有限,一般在几百米范围内,节点只能与它的邻居直接通信。如果希望与其射频覆盖范围之外的节点进行通信,则需要通过中间节点进行路由。固定网络的多跳路由使用网关和路由器来实现,而在无线传感器网络中没有专门的路由器,它的多跳路由可以由任一传感器节点来完成。每个传感器节点既是信息的发起者，也是信息的转发者。

(7) 动态拓扑。无线传感器网络是一个动态的网络，节点可以随处移动；一个节点可能会因为电池能量耗尽或其他故障退出网络；一个节点也可能由于工作的需要而被添加到网络中。这些都会使网络的拓扑结构随时发生变化，因此网络应该具有动态拓扑组织功能。

四、无线传感器网络的应用

MEMS 支持下的微小传感器技术和节点间的无线通信能力为传感器网络赋予了广阔的应用前景，主要表现在军事、环境、健康、家庭和其他商业领域。在空间探索和灾难拯救等特殊的领域，无线传感器网络也有其得天独厚的技术优势。

(1) 军事领域。无线传感器网络具有可快速部署、可自组织、隐蔽性强和高容错性的特点，因此非常适合在军事上应用。利用无线传感器网络能够实现对敌军兵力和装备的监控、战场的实时监视、目标的定位、战场评估、核攻击或生物化学攻击的监测与搜索等功能。目前国际上许多机构的课题都是以战场需求为背景展开的，例如美军开展的 C4KISR 计划、灵巧传感器网络通信、无人值守地面传感器群、传感器组网系统、网状传感器系统 CEC 等。

• **实例 1**：2005 年，美国军方成功测试了由美国 Crossbow 产品组建的枪声定位系统。如图 7-6 所示，节点被安置在建筑物周围，能够有效地按照一定的程序组建成网络进行突发事件(如枪声、爆炸源等)的检测，为救护、反恐提供有力手段。

图 7-6　狙击手定位系统

(2) 农业领域。我国是农业大国，农作物的优质高产对国家的经济发展意义重大。在这些方面，无线传感器网络有着卓越的技术优势，它可用于监视农作物的灌溉情况、土壤和空气的变更、牲畜和家禽的环境状况以及大面积的地表监测等。

• **实例 2**：北京市科委计划项目"蔬菜生产智能网络传感器体系研究与应用"正式把农用无线传感器网络应用于温室蔬菜生产中，如图 7-7 所示。在温室环境中，单个温室即可成为无线传感器网络的一个测量控制区，采用不同的传感器节点可构成无线网络来测量土壤湿度、土壤成分、pH 值、降水量、温度、空气湿度和气压、光照强度、CO_2 浓度等，以便获得农作物生长的最佳条件，为温室精准调控提供科学依据。

图7-7　多温室间无线传感器网络通信示意

（3）环保监测。我国幅员辽阔，物种众多，环境和生态问题严峻。无线传感器网络可以广泛地应用于生态环境监测、生物种群研究、气象和地理研究及洪水、火灾监测等。

•**实例3**：上海交通大学自动化系基于气体污染源浓度衰减模型，开展了气体源预估定位系统的研究。同样，该项技术也可推广到放射性元素、化学元素等的跟踪定位中。

（4）建筑领域。我国正处在基础设施建设的高峰期，各类大型工程的安全施工及监控是建筑设计单位长期关注的问题。采用无线传感器网络，可以让大楼、桥梁或其他建筑物能够自身感觉并意识到它们的状况，使得安装了传感器网络的智能建筑自动告诉管理部门它们的状态信息，从而可以让管理部门按照优先级进行定期的维修工作。

•**实例4**：2004年，哈工大欧进萍院士的课题组应用无线传感器网络，针对超高层建筑的动态测试开发了一种新型系统，并应用到深圳地王大厦的环境噪声和加速度响应测试中。地王大厦高81层，桅杆总高384米。在现场测试中，将无线传感器沿大厦竖向布置在结构的外表面，系统成功测得了环境噪声沿建筑高度的分布以及结构的峰值振动和加速度响应。

（5）医疗健康领域。如果在住院病人身上安装特殊用途的传感器节点，如心率和血压监测设备，利用传感器网络，医生就可以随时了解被监护病人的病情，以便及时处理。另外，还可以利用传感器网络长时间地收集人的生理数据，这些数据在研制新药品的过程中是非常有用的，而安装在被监测对象身上的微型传感器也不会给人的正常生活带来太多的不便。此外，在药物管理等诸多方面，无线传感器网络也有新颖而独特的应用。总之，传感器网络为未来的远程医疗提供了更加方便、快捷的技术实现手段。

•**实例5**：研究人员开发出了基于多个加速度传感器的无线传感器网络系统，用于进行人体行为模式的监测，如坐、站、躺、行走、跌倒、爬行等。该系统使用多个传感器节点，安装在人体几个特征部位。系统实时地把人体因行动而产生的三维加速度信息进行提取、融合、分类，进而由监控界面显示受检测人的行为模式。这个系统稍加产品化，便可成为一些老人及行动不便者的安全助手。同时，该系统也可以应用到一些残障人士的康复过程中，对病人的各类肢体恢复进展进行精确测量，从而为设计康复方案提供宝贵的参考依据。

（6）工业领域。随着制造业技术的发展，各类生产设备越来越复杂、精密。从生产流水线到复杂机器设备，工作人员都尝试着安装相应的传感器节点，以便时刻掌握设备的工作健康状况，及早发现问题，及早处理，从而有效地减少损失，降低事故发生率。

· **实例 6**：电子科技大学、中国空气动力研究与发展中心以及北京航天指挥控制中心的研究人员，利用无线传感器网络开展了对大型风洞测控环境的监测，对旋转机构、气源系统、风洞运行系统，以及其他没有基础设施而有线传感器系统安装又不方便或不安全的应用环境进行全方位检测。

基于 ZigBee 模块的传感器节点设计

（一）实训目的

（1）理解并掌握无线传感器网络的工作原理及组网过程。

（2）理解无线传感器网络的路由算法。

（3）了解 GSM 网络的工作过程。

（二）实训器材

本实训项目所需器材如表 7 - 3 所示。

表 7 - 3　实 训 器 材

序号	实训器材	数量	序号	实训器材	数量
1	电脑	1	5	直流电源适配器	3
2	光盘驱动器（用于安装实验软件）	1	6	万用表	1
3	无线传感器模块	6	7	串口连线	若干
4	GSM 模块	3			

（三）实训操作

实训操作步骤如下：

（1）从开始菜单中选择"程序"→"SEMIT TTP"→"无线传感器网络实验"，启动程序，进入到配置节点界面，如图 7 - 8 所示。

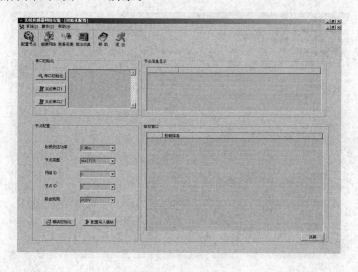

图 7 - 8　配置节点界面

首先初始化串口，将实验要用的 6 个传感器模块分别接到 PC 机的串口 1 上，写入节点配置信息。这些节点配置信息包括射频发送功率、节点类型(MASTER、RN、EN)、网络 ID、节点 ID、路由规则。在写入配置之前先要初始化模块。

当选择不同的射频发送功率时，节点的通信范围会有所不同，实训时可选择多种发送功率。在组网过程中，主节点(Master Node，简称 MASTER)是整个网络的控制中心，它负责网络准入、动态地址分配等，能够主动扫描本身覆盖范围内的传感器节点，其他节点总是首先试图与主节点进行连接。MASTER 是一个具有完整路由能力的节点，负责维持整个网络完整的路由表。需要注意的是，MASTER 的这些功能并不意味着每次通信都要经过 MASTER 节点，也不需要把它放在整个网络的射频中心。路由节点(Routing Node，简称 RN)既可以被 MASTER、RN 加入网络，又可以加入其他的 RN 和 EN(End Node，末端节点)。路由节点可看成是一个简单的无线收发器，它能够中继信息，这样就扩展了网络的覆盖范围。末端节点(EN)仅仅能执行被动扫描，是网络中最简单的类型，这种节点不支持任何路由功能，它们只能与 MASTER、RN 节点进行连接。EN 是一种理想的、简单且低功耗的设备。在本实训中网形和链形拓扑采用 AODV 路由算法，星形拓扑采用 Cluster Tree＋AODV 路由算法。

在配置节点时，6 个节点的网络 ID 要设为一致，这样才能表示这几个节点是处于同一个网络中。网络 ID 用来标识不同的网络，只有具有相同网络 ID 的节点才能相互通信。节点 ID 用来标识同一网络中的不同节点，同一网络中的节点 ID 不能重复，数据传输时就是按照节点 ID 来进行的。在本实训中也可以将 6 个节点分成两组，组成两个传感器网络，每一组的节点数都小于 6 个。注意两个网络的网络 ID 要不同。在进行节点 ID 选择时，每个网络中主节点的节点 ID 都要选 0，其他节点的节点 ID 分别按顺序依次选为 1，2，…。

节点信息配置好后，在界面的右上方会显示节点的配置信息。

(2) 点击工具栏上的"组建网络"按钮或菜单中的"操作"→"组建网络"，即可弹出组建网络界面，如图 7-9 所示。

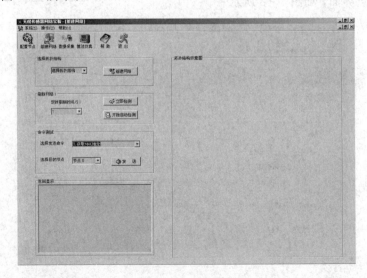

图 7-9　组建网络界面

　　在本实训中可以将任一个节点连到 PC 机的串口 1 上作为主控节点，通过无线的方式进行网络控制操作。在拓扑结构中选择一种拓扑结构（星形、链形或网形，如图 7-10 所示），然后点击"组建网络"按钮，即可组建成所选的拓扑结构网络，"拓扑结构示意图"中会显示出所建成的网络拓扑结构图。

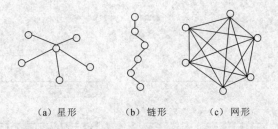

（a）星形　　　（b）链形　　　（c）网形

图 7-10　三种典型的网络拓扑结构

　　当某一个节点死亡（断电等原因引起）或超出任何一个节点的通信范围时，可通过网络刷新发现该节点。有两种刷新方式可供选择：立即刷新和定时刷新（可设置定时刷新时间）。

　　当网络建立好后，可以利用模块自身的命令进行命令测试，来验证已经建好的网络。各个测试命令的含意解释如下：

　　① 获取 MAC 地址。通过向目标节点发送该命令，可以获得该节点的 64 位 MAC 地址，命令的返回值是以十六进制表示的 13 个字节的字符串，如 C9 04 09 8B 02 02 02 02 02 02 02 02 4F，其中第 1 个字节 C9 为命令头，第 2 个字节 04 代表上游节点号，第 5 个字节到第 12 个字节 02 02 02 02 02 02 02 02 表示目标节点的 MAC 地址。

　　通过观察每次命令返回值的第 2 个字节可以看出通信时的路由，例如：首先向节点 5 发送该命令，返回值为 C9 04 09 8B 05 05 05 05 05 05 05 05 5E，第 2 个字节为 04；然后向节点 4 发送该命令，返回值为 C9 02 09 8B 04 04 04 04 04 04 04 04 3B，第 2 个字节为 02。由此可得从节点 2 到节点 5 有路由 2—4—5。

　　② 获取邻节点表。通过向目标节点发送该命令可以获得该节点的相邻节点，命令的返回值是以十六进制表示的 43 个字节的字符串，如 C9 02 39 97 00 00 03 FF 0F FF FF FF 05 05 03 FF 0F FF FF FF 04 04 03 FF 0F FF FF FF 03 03 03 FF 0F FF FF FF 01 01 03 FF 0F FF 64。其中第 5、13、21、29、37 字节表示该节点的邻节点，可能值为 00、01、03、04、05，其中 FF 表示不存在该邻节点。

　　③ 获取节点信息表。通过向 MASTER 节点发送该命令可获得当前网络中各个节点的节点信息，命令的返回值是以十六进制表示的 125 个字节的字符串，如 C9 00 79 A1 00 00 00 00 00 01 01 02 00 02 02 01 00 03 03 03 00 04 04 02 00 05 05 01 FF FF FF FF FF FF FF FF FF FF FF FF FF FF FF FF FF FF FF FF FF FF FF FF FF FF FF FF FF FF FF FF FF FF FF FF FF FF FF FF FF FF FF FF FF FF FF FF FF FF FF FF FF FF FF FF FF FF FF FF FF FF FF FF FF FF FF FF FF FF FF FF FF FF FF FF FF FF FF FF FF FF FF 12。其中从第 5 个字节开始每 4 个字节表示一个节点的信息。4 个字节的信息含意依次为：父节点的网络 ID，本节点的网络 ID，本节点的 MAC 地址，节点的路由类型（00：MASTER；01：RN；02：RN；03：EN）。

　　（3）点击工具栏上的"数据采集"按钮或菜单中的"操作"→"数据采集"，即可弹出数据采集界面，如图7-11所示。

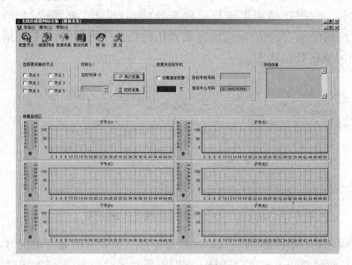

图7-11　数据采集界面

　　数据采集方式有两种：单次采集和定时采集（可设置定时采集时间）。每次需要采集的节点可以通过界面上的复选框进行选择，采集到的温度会在下方的界面上显示出来。用户可以设置一个报警温度，当采集回来的温度超过该报警温度时，会向用户的手机发送报警信息；当某一个节点发送报警信息后，经过5分钟系统会再检测一次（这5分钟内不再发送报警信息），如果此时温度仍超过该报警温度，则再次发送报警信息。短信中心号码为用户所使用的手机SIM卡所在地的号码。用户也可以SMS的方式发送命令（用0～5表示要采集温度的节点）来采集所需要节点的温度信息，采集到的温度会以SMS的方式发送到界面上所添的手机号码中。本系统所实现的测温范围为−10℃～+100℃，误差范围为±1℃。

　　（4）点击工具栏上的"算法仿真"按钮或菜单中的"操作"→"算法仿真"，即可弹出算法仿真界面，如图7-12所示。

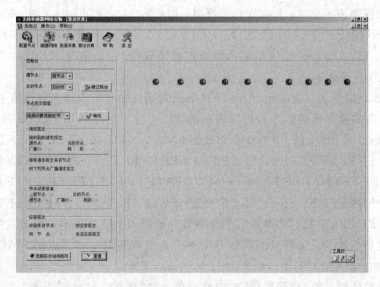

图7-12　算法仿真界面

(四) 实训考核

根据学生完成实训综合情况进行考核，考核内容及评分标准见表 7-4。

表 7-4　实训考核表

考核内容		评 分 标 准	小计
(1) 信息收集能力 (10 分)		能根据任务要求收集无线传感器的相关资料，不扣分	
		不主动收集资料，扣 4 分	
		不收集资料，扣 10 分	
(2) 项目的原理 (15 分)		叙述无线传感器的结构和无线传感器的工作原理准确，不扣分	
		叙述条理不清楚、不准确，每错一处扣 2 分	
(3) 具体操作 (20 分)		接线正确、数据记录完整，不扣分	
		接线正确、数据记录不完整，扣 5 分	
		接线不正确，扣 10 分	
(4) 数据处理 (10 分)		数据处理正确，不扣分	
		数据处理方法正确，但结果不对，扣 5 分	
		数据处理方法不对，扣 10 分	
(5) 汇报表达能力 (10 分)		表达完整，条理清楚，不扣分	
		表达虽不够完整，但条理清楚，扣 4 分	
		表达不完整，条理不清楚，扣 8 分	
(6) 素质 (35 分)	基本素质 (15 分)	考勤(10 分)　出全勤，不迟到，不早退，不扣分	
		考勤(10 分)　不能按时上课，每迟到或早退一次扣 3 分	
		学习态度(5 分)　学习认真，及时预习复习，不扣分	
		学习态度(5 分)　学习不认真，不能按要求完成任务，扣 3 分	
	专业素质 (20 分)	实训报告(10 分)　按时、完整、正确地完成实训报告，不扣分	
		实训报告(10 分)　按时完成实训报告，虽不完整但正确，扣 3 分	
		实训报告(10 分)　不能按时完成实训报告，不完整、有错误，扣 6 分	
		团结协作意识(4 分)　能团结同学，互相交流、分工协作完成任务，不扣分	
		安全意识(6 分)　安全、规范操作，不扣分	
总　成　绩			

任务二　小区火灾报警系统的设计与分析

任务目标

本任务以基于 ZigBee 技术的智能小区火灾报警系统为例，使学生理解无线传感器网络及其拓扑结构，掌握无线火灾传感器网络中协调器节点、路由器节点、终端节点软硬件电路的设计方法，完成智能小区火灾报警系统电路的仿真与制作。

知识链接

本系统主要采用温度传感器、烟雾传感器和 CO 传感器来进行复合探测。由主控制器 CC2530 对信息进行处理，然后经射频（RF）电路发送传感器探测到的火灾信号。系统结构框图如图 7 - 13 所示。

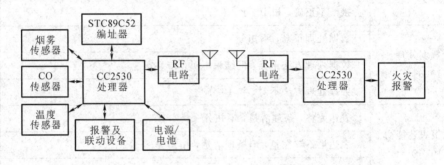

图 7 - 13　系统结构框图

从系统结构框图可以看出系统硬件电路设计的思路。硬件电路设计主要可以分为四个部分：

(1) 主控制器电路设计，智能小区火灾报警系统主要是由它来完成的。

(2) 检测节点电路设计，包括温度传感器节点、烟雾传感器节点和 CO 传感器节点设计。

(3) 路由器节点电路设计。

(4) 手持寻址器电路设计，包括键盘扫描电路和串行电路设计。

一、主控制器硬件电路设计

主控制器是以 CC2530 为核心，通过射频电路发送命令来接收和反馈信号；根据接收到的反馈信号计算火灾情况，并将火灾信息发送出去；外部的设备收到火灾信息之后马上就会采取应对措施。电源电路、复位电路、充电电路、电池控制电路确保主控制器有直流电流通过。LED 和蜂鸣器完成报警工作，确认火灾或发现节点故障。

（一）CC2530 系统

图 7 - 14 所示是 CC2530 的外部电路的原理图。根据本系统要实现的功能，下面对 CC2530 的外部电路进行详细分析。

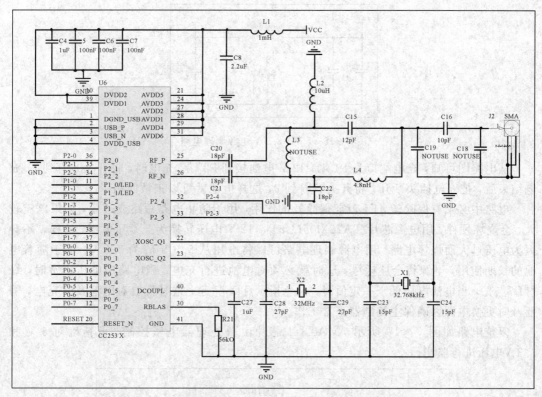

图 7 - 14　CC2530 的外部电路

CC2530 的外部电路是一个典型的高频电路，它的发射频率为 2.4 GHz。高频电路对电源的稳定性和抗干扰性要求非常高，因此供电电源不能直接接入芯片，必须进行滤波。P1 端口和 P0 端口为 CC2530 的普通 I/O 口，主要作用是控制发送报警信息。因此，在整个电路设计过程中，可以将 CC2530 作为核心，以方便控制接口信息。

(二) 电源及复位电路

由于打印机等设备都是大耗电量的设备，它们需要大功率电池进行供电才能正常工作，因此本系统要用 12 V 的直流电源。用 TA78M05(U5) 和 ME6219C(U11) 电源芯片设计了如图 7 - 15 和图 7 - 16 所示的电源检测与充电电路和电源调理电路。

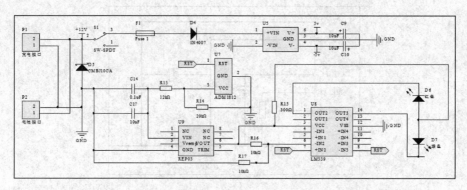

图 7 - 15　电源检测与充电电路

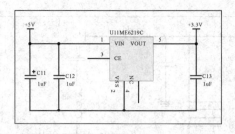

图 7-16　5 V～3.3 V电源调理电路

从电路图可知，充电端口为 P1 端，12 V 电池接到 P2 端。充电时，将开关 S 打到 1；充电结束后，把充电插头断开，将开关 S 打到 2，这样电池就可以正常使用了。

电路中必须有保险丝，F1 就起保险丝的作用，用于防止电路短路或过载，如果电流较大，会烧坏硬件。用电源芯片 TA78M05(U5)将 12 V 电压转换为 5.0 V 电压，这样就不会因为电压过大而烧坏电路。用电源调理电路可以将电压从 5.0 V 降为 3.3 V。由于随着电池的长期使用，电源将会被耗尽，这时就必须对电池进行充电。当电路中电压正常时，绿灯D7点亮，当电池电压低于一定值时，红色指示灯D6亮起，这时就要对电池及时充电，需要及时更换电源以确保主控制器正常工作。

复位电路如图 7-17 所示，MAX811 芯片由微处理器电压控制，可精确对 5 V 和 3.3 V电压进行监测。

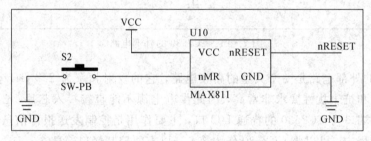

图 7-17　复位电路图

(三)系统时钟电路

由于系统时钟必须不间断地运行，因此为了防止系统断电时整个系统无法正常运行，在 CC2530 芯片上接入了一个晶振电路，频率定在 32 MHz。如图 7-18 所示。

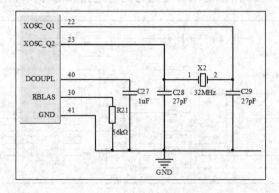

图 7-18　时钟晶振电路

(四) 蜂鸣器报警电路

蜂鸣器是由 P1_0 控制的。当端口输出高电平时，PNP 三极管 VT1 的基极电压比发射极电压要低，蜂鸣器就会产生报警。当端口输出低电平时，PNP 晶体管的基极电压比发射极电压要高，VT1 就会截止，蜂鸣器就不会发出报警。蜂鸣器报警电路如图 7－19 所示。

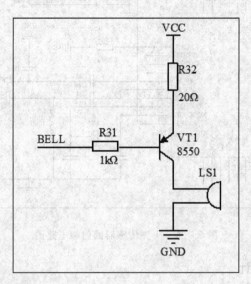

图 7－19　蜂鸣器报警电路

二、传感器节点硬件电路设计

(一) 传感器节点框架结构

烟雾传感器、CO 传感器、温度传感器同时采集现场模拟信号，每个传感器除了自身的电路外，还有相对应的调理电路。调理电路用于对信号进行模/数转换、噪声消除、倍数放大等处理。传感器节点的框架结构如图 7－20 所示。

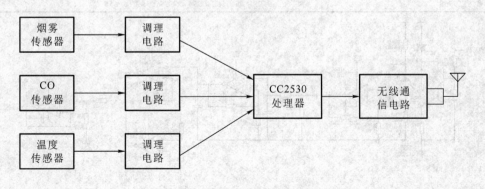

图 7－20　传感器节点的框架结构

根据复合火灾传感器硬件结构的特点，可以将模块进行细化，再对每个模块进行硬件电路的设计。图 7－21 所示为火灾传感器的射频电路图。

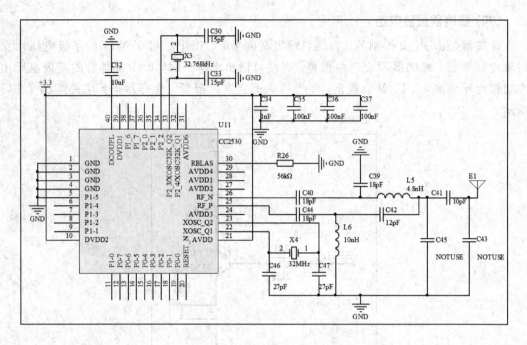

图 7-21 火灾传感器的射频电路图

(二) 硬件电路的设计

该复合火灾传感器节点硬件电路包括三个部分：传感器电路、调理电路、通信电路。传感器电路、调理电路、通信电路分别用于采集物理信号、处理初步物理信号、判断火灾信号。如有火灾发生，火灾信号会通过无线通信电路传输出去。图 7-22 所示为烟雾传感器采集电路。火灾开始时，由于燃烧不充分，会产生大量烟雾，发射管 H1 发出的红外信号透过烟粒散射后被红外接收管 H2 接收，后被 LM324 两级放大电路放大，并经滤波电路滤波后，去除信号中的高频和低频噪声。另外，火灾开始时，由于燃烧不充分，也会伴有 CO 气体产生，用 CO 气体传感器可探测到 CO 浓度信号，将 CO 浓度信号发送出去，在处理电路中进行分析和处理，如图 7-23 所示。

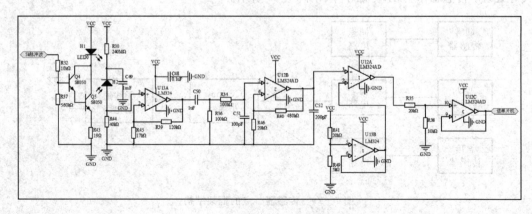

图 7-22 烟雾采集电路

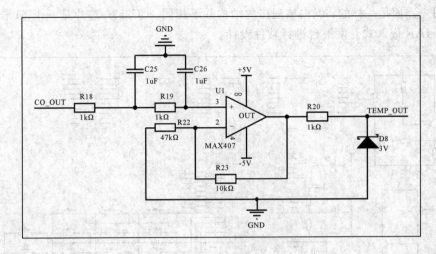

图 7-23 CO 传感器电路图

烟雾传感器主要是用来接收检测信号的,接收管的电流信号很小,不容易识别,需要用一个二级放大器进行 100 倍的放大,并采用低通滤波器滤除噪声。CO 传感器只需要一个放大器放大 1.5 倍,以避免噪声也被放大,用一个简单的两阶低通滤波器的放大器进行放大即可。

三、编址器电路分析

手持编址器都有一个矩阵键盘,有用来编写地址的功能键,如按键 0~9 和其他功能按键。编址器和节点可以使用红外线通信,也可以直接通过 MAX3232 串口发送编码。如图 7-24 所示,编址器系统主要由 STC89C52 处理器模块、电源模块、矩阵键盘模块、实时时钟模块、数码显示模块和通信模块等组成。图 7-25 为一个手持寻址电路。

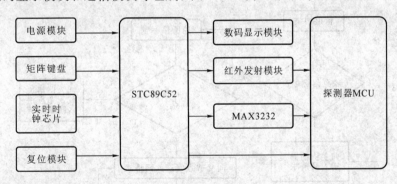

图 7-24 编址器硬件框架图

手持编址器设置了 15 个按钮,每个按钮都有自己对应的特定功能,编写地址按钮为 0~9;清除按钮为 10;按下按钮 11 表示寻址地址减 1;按下按钮 12 表示寻址地址加 1;按下按钮 13,将寻址地址发送出去;按下按钮 14,请求返回地址。

四、火灾报警系统电路仿真设计

该系统通过 IAR 开发平台做进一步的软件设计,此软件支持各种微处理器,不同微处理器的用户界面是一样的，但内核程序的结构并不相同。CC2530 芯片是一个 51 核微控制器，使用 IAR 嵌入式开发平台进行软件设计。

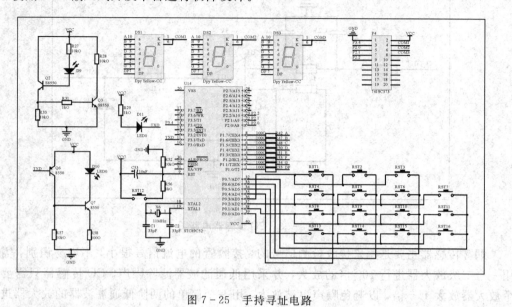

图 7 - 25　手持寻址电路

（一）构建通信模块的网络

在建立系统之前，先要对硬件和软件设备的协调器进行初始化，再设置一个网络。网络设置好之后，检查周围是否有路由器节点和传感器节点，如果存在这两个节点，则立即向协调器发送入网申请。节点流程图如图 7 - 26 所示。

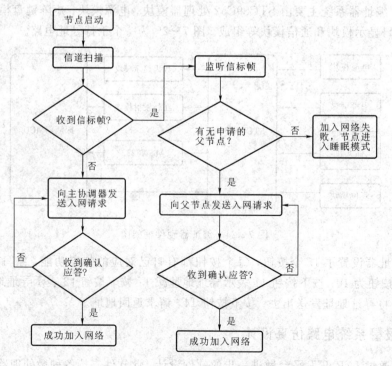

图 7 - 26　节点流程图

先启动节点，再在节点周围进行信道扫描，看是否可接收到信标帧，如有响应，说明存在信标帧，马上将入网申请发送给父节点，父节点对节点信息进行初步判断，确认后，节点可加入网络。无线网络的组建与其他节点的加入是自动完成的，此过程依靠协议栈组织才可以完成。以下为构建无线网络的主要操作过程：

(1) 协议初始化。每个设备的协议栈工作的前提是进行初始化。

(2) 创建 PAN 协调器。首先确定 PAN 协调器是否存在于该网络中，由于每个网络只限一个 PAN 协调器，因此在请求命令发送的同时为网络设置一个扫描周期，并初始化 PAN 协调器。

(3) 选择 PAN ID 和短地址。PAN 初始化完成后，给它的网络选定一个标识符作为它的 PAN ID，新的 PAN 标识符小于 Ox3FFF。确定后，MAC 层的 PAN ID 将 NLME-SET. request 原语设置为该值。

(4) 射频频率选择。必须为射频电路选择一个合适的频率，这个合适的频率一般都是 PAN 通过能量扫描得到的。

(5) 设备申请加入网络。网络节点设备要想加入网络，必须通过网络协调器，协调器对节点的加入网络请求进行统一处理。

(二)节点软件分析

1. 传感器节点分析

传感器节点软件编程涉及多个方面，如硬件初始化、设备入网、数据传送、无线传输、数据切换、数据采集及分析等。图 7 - 27 所示为传感器节点的流程图，从图可知，要先对传感器节点的软件和硬件初始化，然后传感器节点发出加入网络请求。传感器的主要任务是采集信息，将采集的信号输入到 CC2530 处理器中进行数据融合分析，得出决策结果，根

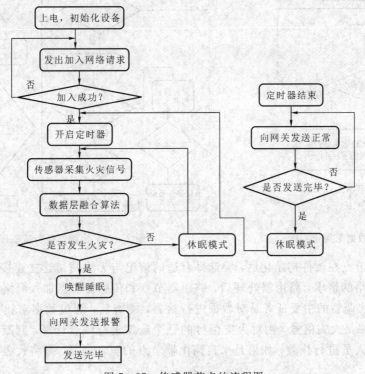

图 7 - 27 传感器节点的流程图

据决策结果来判断是否有发生火灾的可能性。如果没有火灾发生，则节点进入睡眠模式；如果有可能发生火灾，则启动系统，马上报警，将火灾信号通过无线模块发送到路由器。

该系统采用复合探测器将烟雾传感器、温度传感器和 CO 传感器三者结合在一起，同时采集三个物理量的模拟信号。传感器节点接收到火灾现场的信息后，利用数/模转换器将模拟信号转换为数字信号，然后将转换后的数字信号输入到 CC2530 处理器的存储器中。

2. 协调器节点运行流程

协调器是控制整个系统的关键核心部位，可以控制所有无线节点。协调器负责建立无线网络，扫描节点并允许节点的入网请求。图 7-28 和图 7-29 分别为它们在系统中的流程图。

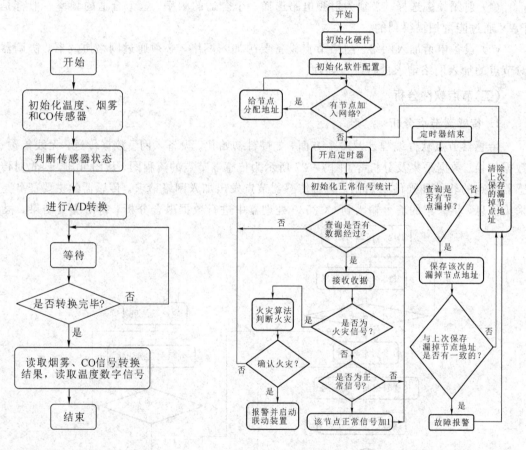

图 7-28　数据采集流程图　　　　　图 7-29　协调器运行流程图

主控制器节点在硬件初始化后，会选择合适的信道与无线网络建立连接。建立完成后会发出加入网络的请求，路由器处理后，路由器节点和传感器节点加入网络后就形成了无线通信网络。协调器的主要任务是对数据进行检查，检查后，通过数据对比来判断是否为火灾信号。如果是火灾信号，则对火灾信号的三个数据进行综合计算，判断火势情况，并马上联系相关人员进行扑救；如果是来自路由器节点的正常信号，则将代表节点的正常信号加 1。

3. 路由器节点运行流程

路由器节点可以在与协调器通信的同时与其他路由器进行通信。在系统中，它在负责火灾报警通信工作的同时，还负责协调路由器节点和传感器节点之间的信息，对检测器接收火灾报警信息和节点信息起到了重要作用。路由器节点首先完成对硬件的初始化，并发出加入网络请求。路由器节点加入网络后，开启定时器，扫描有没有无线节点加入网络。协调器传送数据由路由器接收，数据成功接收后发送给相应的检测器。一旦路由器出现故障，协调器和检测器将接收不到报警信号，以至出现火灾误报的情况。因此，为了使路由器节点正常运行，由路由器节点发送正常信号传送到协调器，协调器成功接收信号后将其重置，进入休眠状态。如图 7-30 所示为路由器节点运行流程图。

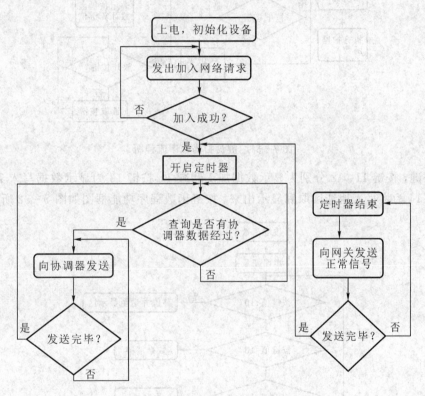

图 7-30　路由器节点运行流程图

4. 编址器软件分析

当火灾发生时，传感器如何迅速知道发生火灾的所在范围呢？这就需要对每个传感器设计地址编码，以便于帮助被困人群快速逃离火灾现场。手持寻址装置软件程序包括显示、键盘扫描、延迟稳定、串行编程和串行中断程序。图 7-31 所示是键盘扫描程序流程图。

在手持键盘扫描程序中，要先定义函数和变量，其次要扫描按下的键盘。按下测试按钮后，要明确按下的是哪个按键并通过计算读取处理器显示的按键值。当程序调用延迟后释放按键，随后会在数码管上显示相应的按键值。手持寻址装置具有数字键 0~9，5 个功能键存在于数字键 10~15。当按下按键 0~9 时，其中保存的一个数据向左移一位，按键 10

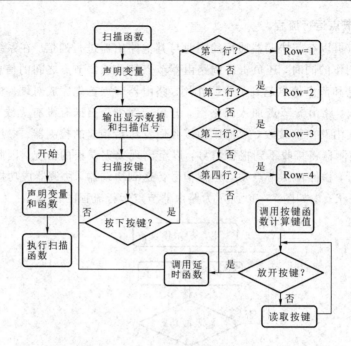

图 7 - 31　键盘扫描程序流程图

为清零按键,按键 11、12 分别为显示数据加 1 和减 1,按键 13 为显示数据写入 ZigBee 节点,按键 14 为将写入地址读取和显示出来。按键函数程序功能框图如图 7 - 32 所示。

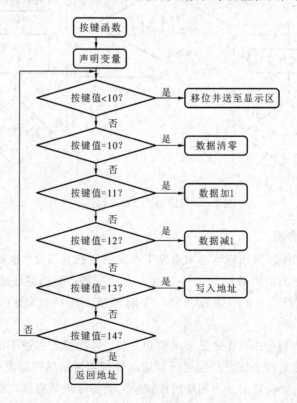

图 7 - 32　按键函数程序功能框图

技能训练

小区火灾报警系统的组网与测试

(一)实训目的

(1)掌握无线火灾传感器火灾判断的方法。

(2)掌握无线火灾传感器网络组网的方法。

(3)掌握无线火灾传感器网络常见故障的处理方法。

(二)实训器材

本实训项目所用器材如表7-5所示。

表 7-5 实 训 器 材

序号	实训器材	数量	序号	实训器材	数量
1	CC2530 芯片	2	29	S8050	8
2	烟雾传感器	1	30	S8050	1
3	温度传感器	1	31	$1\mu F$ 电容	4
4	CO 报警器	1	32	100 nF 电容	1
5	1 kΩ 电阻	6	33	$2.2\mu F$ 电容	2
6	56 kΩ 电阻	2	34	$10\mu F$ 电解电容	2
7	10 kΩ 电阻	10	35	$1\mu F$ 电解电容	4
8	100 kΩ 电阻	2	36	12 pF 电容	5
9	20 kΩ 电阻	4	37	10 pF 电容	4
10	560 kΩ 电阻	1	38	27 pF 电容	2
11	480 kΩ 电阻	1	39	18 pF 电容	2
12	40 kΩ 电阻	1	40	15 pF 电容	2
13	17 kΩ 电阻	1	41	1 mF	1
14	5 kΩ 电阻	1	42	100 pF	1
15	47 kΩ 电阻	1	43	200 pF	2
16	240 kΩ	2	44	红外对管	2
17	120 kΩ	2	45	1N4007	1
18	20 Ω 电阻	2	46	红色 LED	1
19	4.8 nH	2	47	绿色 LED	1
20	10 nH	2	48	双向稳压管	1

续表

序号	实训器材	数量	序号	实训器材	数量
21	10 μH	3	49	32 MHz 晶振	1
22	LM324	1	50	32.768 kHz 晶振	20
23	LM324AD	1	51	11 kHz 晶振	1
24	MAX811	1	52	STC89C52	1
25	LM399	1	53	蜂鸣器	1
26	电源芯片 TA78M05	5	54	ADM1812	1
27	电源芯片 ME6219	2	55	REP03	1
28	8550	8	56	按键	20

（三）实训操作

1. 组网测试

使用 TI 公司的监控软件来观察网络和拓扑。利用串口的辅助开发板，并将其连接到计算机，选择相应的串口，点击 Run 按钮，图标变为红色。如图 7-33(a)所示，协调器已成功运行，启动后观察监控软件的变化。如图 7-33(b)所示，表示协调器接入网络。最后，如图 7-33(c)所示，说明终端节点成功加入网络，并传回数据信息。

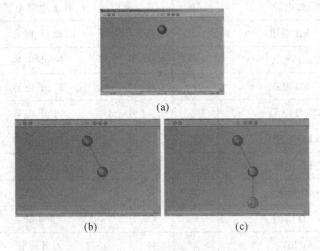

(a)

(b)　　　　　　　　　(c)

图 7-33　监控软件界面的显示

2. 烟雾传感器实验

本次实验场景选择居民小区，用湿纸屑燃烧产生烟雾，模拟火灾发生现场。实验采用了三个传感器节点进行探测。调整放大倍率并反复实验，通过示波器观察传感器输出信号的波形与功率，测试结果如图 7-34 所示，能看见清楚的输出信号、波峰及波谷。从测试结果来看，即使含有少量的烟雾也能输出有效的信号。

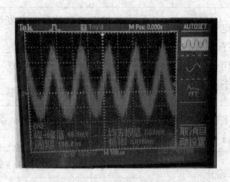

图 7-34　放大输出后的烟雾传感器出现的波形

3. 系统测试

对系统进行烟雾、温度和 CO 环境模拟实验测试。

烟雾实验：对传感器终端持续喷烟 2 s 左右，黄色烟雾传感器应闪烁并立刻变为长时间亮，1 min 后后台服务器管理界面应报警。

温度实验：在火灾传感终端下方约 20 cm 处燃烧明火，使传感器周围的温度高于 40℃，1 min 后声光报警服务器管理界面应报警。

CO 测试：在 CO 传感器终端喷洒 CO 气体，以人能闻到 CO 气味为基准，1 min 后后台服务器管理界面应报警。

对系统进行 200 次的模拟对比实验，分别对烟雾传感器、温度传感器、CO 传感器进行综合测试，实验结果如表 7-6 所示。

表 7-6　系统测试结果

指　　标	烟雾传感器测试	温度传感器测试	CO 传感器测试	综合测试
误报次数/次				
漏报次数/次				
后台平均报警时间/s				

(四)实训考核

根据完成实训综合情况，给予考核，考核内容及标准分评见表 7-7。

表 7-7　实训考核表

考核内容	评分标准	小计
(1) 无线传感器网络 (10 分)	叙述火灾无线传感器的工作原理准确、完善，不扣分	
	叙述条理不清楚、不准确，每错一处扣 1 分	
(2) 无线通信的类型 (10 分)	叙述完整、完善，不扣分	
	叙述不清楚、不准确，每错一处扣 1 分	

(3) 仪器仪表的使用 (10分)	确定和识别一个常 用电子元件的好坏， 并使用仪器测量电路 中一个点的信号	能准确测量信号并判断常见元件的好坏，不 扣分		
		不会判断和识别常用电子元件的好坏，扣3分		
		不会使用常见测量仪器，扣3分		
(4) 实训器件的选取 (15分)	对本实训项目所需 元件进行测试(10分)	能完成传感器等各元器件的性能检测，不 扣分		
		不能全部完成各元器件的性能检测，扣5分		
	选型(5分)	能正确选用本项目所需元器件，不扣分		
		不能正确选用本项目所需元器件，扣5分		
(5) 电路组装与调试 (15分)	能正确组装并调试成功，不扣分			
	不能正确组装，但能找到故障原因，扣3分			
	不能正确组装，也不能找到故障原因，扣15分			
(6) 电路布局(10分)	电路布局美观、合理，无跳线和交叉线，不扣分			
	电路布局美观、合理，每处跳线和交叉线扣2分，扣完为止			
	电路布局不美观、不合理，每处跳线和交叉线扣3分，扣完为止			
(7) 素质 (30分)	基本素质 (10分)	考勤 (5分)	不迟到，不早退，按时完成任务，不扣分	
			上课每迟到或早退一次扣4分，扣完为止	
		协作意识 (5分)	能与同学积极进行交流、分工协作，不扣分	
	专业素质 (20分)	实训报告 (10分)	按时完成报告，且整洁、合理、要素齐全，不扣分	
			按时完成报告，虽不够整洁但要素齐全，扣2分	
			不能按时完成报告，且不够整洁、内容不齐全，扣6分	
		安全操作 (10分)	安全、规范操作，无元件损坏，不扣分	
			元件损坏，每个扣2分，扣完为止	
总　成　绩				

项 目 小 结

通过本项目的学习，掌握如下知识重点：

(1) 常用无线传感器的组成、结构及基本特性。

(2) 常用无线传感器的工作原理。

(3) 常用无线传感器测量电路的特点。

通过本项目的学习，掌握如下实践技能：

（1）能正确分析、制作与调试无线传感器应用电路。

（2）掌握无线传感器的工作原理，学会选型。

思 考 与 练 习

1．什么是无线传感器网络？无线传感器网络为什么体现了多个学科的相互融合？

2．无线传感器网络的体系结构包括哪些部分？各部分的功能分别是什么？

3．简述无线传感器网络的三个发展阶段，举例说明物联网中无线传感器网络的应用方式。

4．无线传感器网络常用的操作系统有哪些？各有哪些特点？

5．无线传感器网络的路由协议有哪些类型？路由协议的设计有哪些要求？

参 考 文 献

[1]　熊建国. 传感器原理及应用[M]. 西安：西安交通大学出版社，2014.

[2]　范晶彦. 传感器与检测技术应用[M]. 北京：机械工业出版社，2005.

[3]　王俊峰，孟令启. 现代传感器应用技术[M]. 北京：机械工业出版社，2007.

[4]　金发庆. 传感器技术与应用[M]. 北京：机械工业出版社，2006.

[5]　杨清梅，孙建民. 传感器与测试技术[M]. 哈尔滨：哈尔滨工程大学出版社，2005.

[6]　王亚峰，何晓辉. 新型传感器技术及应用[M]. 北京：中国计量出版社，2005.

[7]　韩向可，孙晓红. 传感器与检测技术[M]. 北京：机械工业出版社，2015.

[8]　王俊峰，孟令启. 现代传感器应用技术[M]. 北京：机械工业出版社，2007.

[9]　孙心若. 传感器基本电路实验[M]. 北京：北京师范大学出版社，2007.

[10]　吴桂秀. 传感器应用制作入门[M]. 杭州：浙江科学技术出版社，2003.

[11]　武昌俊. 自动检测技术及应用[M]. 北京：机械工业出版社，2005.

[12]　赵继文. 传感器与应用电路设计[M]. 北京：科学出版社，2002.

[13]　网昌明. 传感与测试技术[M]. 北京：北京航空航天大学出版社，2005.

[14]　王元庆. 新型传感器原理及应用[M]. 北京：机械工业出版社，2002.

[15]　张福学. 传感器应用及其电路精选[M]. 北京：电子工业出版社，2000.

[16]　曲波. 工业常用传感器选型指南[M]. 北京：清华大学出版社，2002.